大好き、食虫植物。

育て方・楽しみ方

星野 映里

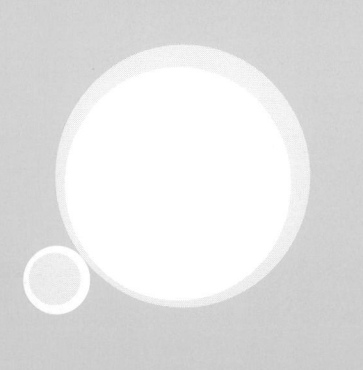

水曜社

パクッ

ハエトリソウに捕まったミツバチ。

本書で紹介する食虫植物

ハエトリソウ
→育て方は p.44

食虫植物といえばコレ！　というくらいのスーパースター。

ウツボカズラ →育て方は p.57

ハエトリソウの次にメジャー。壺のかたちは品種によって様々。

サラセニア
→育て方は p.68

多品種で花もきれい。初心者でも育てやすい種です。

モウセンゴケ
→育て方は p.82

約200種が存在し、栽培家も多い人気の種です。

ムシトリスミレ
→育て方は p.93

見た目はごくふつう。スミレに似た美しい花が咲きます。

ミミカキグサ
→育て方は p.105

名前の由来は花後のガクのかたち。

ムジナモ →育て方は p.116

本書の中ではもっとも栽培難易度が高いです。

捕虫葉

ハエトリソウのトラップ。針状突起の形や色にバリエーションがあります

D. 'シャーク・ティース'

D. 'レッド・ピラーニャ'

N. ビカルカラータ

ミミカキグサのトラップは水中にあり、捕虫シーンは残念ながら見られません！

U. リビダ

ウツボカズラは落ちた虫を溶解液で溶かします。まさに「胃袋」

N. アンプラリア

N. ベントリコーサ

見た目はふつうなムシトリスミレは葉の部分で虫を食べます

P. ×ティナ

S. フラバ

S. レウコフィラ

S. レウコフィラ

色・葉脈が芸術品のように美しいサラセニアの捕虫葉

D. アフィニス

D. ペルタタ

まるで地球外生命体！ さきっぽの粘着液で虫をからめとります

極微少ですが、ハエトリソウと同じく挟み込み式。ミジンコなどを食べます。

食虫植物の花

S. ルブラ
(サラセニア)

D. マスシプラ
(ハエトリソウ)

S. プルプレア
(サラセニア)

S. フラバ
(サラセニア)

D. ジグザギア
(モウセンゴケ)

D. ビコロール
(モウセンゴケ)

D. カペンシス
(モウセンゴケ)

D. システィフロラ
(モウセンゴケ)

D. アングリカ
(モウセンゴケ)

D. カリストス
（モウセンゴケ）

D. ミクロフィラ
（モウセンゴケ）

P. マクロフィラ
（ムシトリスミレ）

P. ロトゥンディフロラ
（ムシトリスミレ）

P. プリムリフロラ "ローズ"
（ムシトリスミレ）

P. エマルギナータ
（ムシトリスミレ）

U. ディコトマ
（ミミカキグサ）

U. アルピナ
（ミミカキグサ）

U. サンダーソニー
（ミミカキグサ）

U. リピダ
（ミミカキグサ）

自生地にようこそ！

自生する食虫植物を見て、食虫植物熱が高まる人も少なくありません。自然の姿の食虫植物は、栽培の大きなヒントにもなります。

N. ビカルカラータ
（マレーシア・サラワク州ミリ）
襟の所についている「牙」が特徴

N. ローウィー
（マレーシア・サラワク州グヌン・ムルド）
和名シビンウツボ。形はまさしく……です

N. ヒューレリアナ
（マレーシア・サラワク州グヌン・ムルド）
襟が高く立ち上がったところが特徴的

N. マクファラネイ
（マレーシア・パハン州ゲンティンハイランド）

N. バービジアエ
（マレーシア・サバ州メシラウ）

P. マクロセラス（和名ムシトリスミレ）
（三重県）P. ラモサとともに日本に自生します

P. ラモサ
（和名コウシンソウ）
（栃木県男体山）
日本固有種で、垂直な岩肌に生えます

大好き、食虫植物。
育て方・楽しみ方

Book Design : Shigeharu Suzuki

はじめに──虫はあげなくても結構です。

　食虫植物は、以前は高価で手に入りにくかったのですが、最近ではホームセンターなどで安価で気軽に購入できるようになり、ここ数年で栽培家人口もかなり増えています。

　にもかかわらず、栽培実用書は皆無に等しく、ましてや初心者向けのものなどありません。私もはじめはそれで苦労したクチです。本書を書こうと思ったきっかけは、まずそのことでした。私がすったもんだした3年間の経験（主に失敗談）と、ベテラン栽培家の方々の的確なアドバイスによって、この本は生まれました。

　食虫植物は悪趣味であるというイメージがありますが、花や補虫葉は鑑賞価値も高く、比較的育てやすい種も多くあります。また、いちばん、誤解されているのが、虫を食べさせなくてはいけない、と思われていること。食虫植物は養分の少ない過酷な環境のなかで生きていくために食虫の能力を身につけました。ですから、充分な栄養さえ与えていれば虫を与えなくても育ちます（あげてもいいですけど）。「ムシは苦手！」ということでこんなにも美しい植物を栽培するチャンスを失ってはいけません。こうしたイメージを変えることも本書のひとつの役割だと思っています。

　食虫植物は奥が深いです。いったん愛し始めると多くの人がマニアになってしまいます。そうなればしめたもの（？）。ようこそ、食虫植物の世界へ。

星野映里

もくじ

はじめに 3

1 めぐりあい

戦え、自分であるために 8
日本食虫植物愛好会（JCPS）との出会い 10
食虫植物のメッカ、浜田山集会に潜入 12
夢の島熱帯植物園での買い占め大作戦 17
食虫植物を売ってみる 20
栽培解説員に挑戦 23

2 育て方

食虫植物とは？ 26

ハエトリソウ 34

捕虫の仕組み 35
ハエトリソウ奮闘記 36
ハエトリソウの育て方 44

ウツボカズラ 50

捕虫の仕組み 51
ウツボカズラ奮闘記 52
ウツボカズラの育て方 57

サラセニア 62
　捕虫の仕組み 63
　サラセニア奮闘記 64
　サラセニアの育て方 68

モウセンゴケ 72
　捕虫の仕組み 73
　モウセンゴケ奮闘記 74
　モウセンゴケの育て方 82

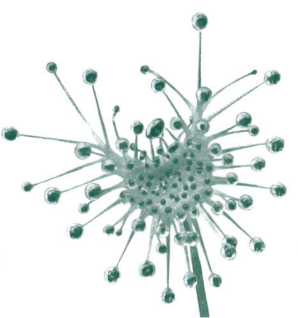

ムシトリスミレ 86
　捕虫の仕組み 87
　ムシトリスミレ奮闘記 88
　ムシトリスミレの育て方 93

ミミカキグサ 98
　捕虫の仕組み 99
　ミミカキグサ奮闘記 100
　ミミカキグサの育て方 105

ムジナモ 108
　捕虫の仕組み 109
　ムジナモ奮闘記 110
　ムジナモの育て方 116

3 マニア交友録

自宅の屋上が自生地に！～食虫植物の師匠～ 122
栽培品に言葉はいらない～食虫植物の職人～ 125
　中村さん直伝の組織培養 128
西へ東へ～食虫植物の旅人～ 130
死をいとわない～食虫植物のサムライ～ 132
家が食虫植物に侵されている！～食虫植物愛好会会長～ 134
日本食虫植物愛好会（JCPS）の会長に聞け 137

あとがき 143

めぐりあい 1

植物のことを何も知らなかった私は、
食虫植物に魅せられ、人生の転機を迎えました。
さらに日本食虫植物愛好会に出会い、
食虫植物マニアの穴に引き込まれ、
数々のイベントに参加しました。
そんなジェットコースターな日々を振り返って、
ご紹介したいと思います。

戦え、自分であるために

　食虫植物に初めて出会ったとき、私は腐っていました。
　スゴイ言い様ですが、実際にその頃、人間関係の折り合いが悪く、仕事も干されている状態で完全に腐っていたのです。何か悶々としたものを常に抱え、何とかしなければならないけれど、それが何かよくわからずに、陰々滅々としておりました。
　私の暗く湿った情動が、湿度を好む食虫植物との出会いを導いたのでしょうか。
　あれは、梅雨の蒸し暑い日のことでした。
　例のごとく、家でだらけている私に夫から電話がありました。
「面白いモンを仕入れたから、店に来いよ」
　夫の稼業は花屋なので、面白いモンにも限りがあります。面白い花ねぇ、と思いましたが、口に出さずに店に向かいました。
　店で私を待っていたもの——それがハエトリソウだったのです。
　私はハエトリソウを一目見たときに、雷に打たれたように感じました。
「世の中に、こんなに美しく、魅力的な植物があったなんて」
　世界が静寂と化し、そこに存在するのは、私とハエトリソウだけ。ハエトリソウのまつ毛のようなトゲゲが、瞬き、こちらを熱烈に見つめ、秋波を送っているように感じました。
「虫をあげてみていい？」
　と夫に聞いてみたところ、OKが出たので、私はそこら辺にいた地グモやダンゴムシ、蟻をハエトリソウの口（捕虫葉）に放り込みました。そのうちに楽しくなりすべての口に虫を放り込みました。本来はハエトリソウに過度の餌遣りを行うことはヨロシクないのですが、パックマンのように、みるみるうちに虫を食べてしまう姿を眺めながら、

私は奇妙な感動にとらわれてしまいました。
　食虫植物は美しいとここで断言します。
　私はこの時の感動をいまでも思い出すことがあります。なぜ、食虫植物を美しく感じるのか、と自分でも不思議に思いました。しかし、いまにして思えば、それは、食虫植物が「戦う姿」をしているからにほかならないと思います。
　植物は本来、食物連鎖のピラミッドの下方にあり、食い物にされることを運命づけられています。それに対し、食虫植物は長い進化の過程で食虫能力を身につけました。つまり、この世の不条理に反逆しているのです。
　食虫植物は他の植物が育たないような、養分の少ない痩せた土地に生えます。そのような環境のなかで生きていくために、虫を食べることで養分を補おうとし、その姿を変えてきました。
　私は食虫植物に反逆のスピリットを感じてなりません。そして、己の逆境を切り開くその強さ、気高さに惹かれずにはいられません。
　食い物にされるのは植物ばかりではありません。人間でも同じことです。
　「負けるな、自分であるために、戦え。自分の力で運命を切り開くんだ」
　腐っていた私に食虫植物がそう語りかけてくれたように思います。

日本食虫植物愛好会（JCPS）との出会い

　食虫植物に出会う前の私はインターネット、マンガ、小説、ゲームが好きなA系（アキバ系）ガールでした。ガールと言えるほど若くないのですが、熟女と言うほどに年ではないので、そうしておいて下さい。まぁ、端的に言えば、ただのオタクです。

　エヴァンゲリオンに夢中になることはあっても、植物に興味を持ったこともなければ、植物のことなんか、な――んにも知らなかったのです。

　夫の稼業である花屋の手伝いを少ししていたものの、花の知識を多少持ち合わせている程度でした。思い返せば植物栽培は小学校の宿題でひまわりやアサガオを育てたくらいで、その世話ですら母親が代わりにやってくれていたように記憶しています。都会育ちなので、土もろくに触ったこともありません。おまけに当時から初心者向けどころか食虫植物の栽培本すらありませんでした。そもそも関連書籍も少なく、ほとんどが絶版になっていました。

　仕方なく、手探りで育てるのと並行して、食虫植物に関する知識と情報を集めようと思い、インターネットで検索しました。

　書籍が皆無に近い状況の一方で、インターネット上には膨大な情報が錯綜していました。

　そこで、私は食虫植物のことを甘く見ていたことに気付きました。

　インターネット上の知識は、植物および栽培の知識がない私には難解きわまりないものでした。そもそも、食虫植物のサイトを運営している方も、そんな、わからんちんの読者は想定して書かれてはいないことでしょう。

　そこで、私は当時から利用していたミクシィ※で「食虫植物依存症

※ミクシィをご存知でない方に簡単に説明しますと、Web 上の集会所のようなものです。個人の日記を公開したり、「マイミク」と呼ばれる友人と日記交換をしたり、「コミュニティ」と呼ばれるサークルやクラブのようなものを作ったり、参加したりできます）

友の会」というコミュニティを立ち上げました。ここに迷える食虫植物栽培初心者（主に私）を集めて、熟練した栽培家のお出ましを待つという、アイディアを思いついたのです。

いま思えば、なんて他力本願なコミュニティなのだろうと思いますが、これが結果的には功を奏したのだから世の中わかりません。

しばらくするうちに、アドバイスをくれるベテラン栽培家が現れました。日本食虫植物愛好会（JCPS）の人たちでした。

この日本食虫植物愛好会（JCPS）との出会いは私の人生の転機といっても過言ではありません。

私の拙いヘルプに応えてくれたのは、狂さんという男性の方と、政田さんという女性の方でした。狂さんたちとインターネット上でやりとりを何回か繰り返しているうちに、

「食虫植物の仲間と飲み会をするから、おいで」

とお誘いがありました。食虫植物に関する知識を得たいという気持ちもありましたが、食虫植物を愛する人にも興味があったので即OKし、行くことにしました。

食虫植物好きって、いったいどんな人たちなのか。植物を愛する人ばかりだからおとなしい人が多いのか、それともキワモノの植物が好きな暗い人？　植物学者のような人たちとか……。

そこに集まっていたのは、食虫植物栽培歴何十年、ムシトリスミレの第一人者、モウセンゴケだったらこの人に聞けという大ベテランばかりだったのですが、見た目にはフツウの、いや少しムサイ感じのオジサンたちでした。少しはアブノーマルな雰囲気が漂っている感じを想像していたのですが、そういうこともありませんでした。私は何を期待していたのでしょうか。

間違ってもアニメオタクのように、Tシャツに食虫植物のロゴが入

っていたり、食虫植物のピンバッチを付けている、ということはありませんでした。

　この飲み会でオジサンたちの中央に座っていたのが日本食虫植物愛好会（JCPS）の会長の田辺直樹さんでした。インターネット上で名前だけ知っていたものの、お会いするのは初めてでした。

　日本食虫植物愛好会（JCPS）という、会員数674名の会を主宰している方なので、何となく気後れしつつも、ご挨拶しようとして、

　「はじめまして」の「は」を言いかけたときに、田辺さんは仏様のような満面の笑みでタバコを鼻の穴にスルスルっと一本入れられました。

　私は生涯、この出会いを忘れないように思います。

　日本食虫植物愛好会の会長の田辺さんは、マジシャンでもあったのです。

食虫植物のメッカ、浜田山集会に潜入

　世の中には色々なマニアの集いがあると思います。鉄道マニアの会、アイドルファンクラブ、切手マニアの会、SMマニアの会……。

　なかでも食虫植物マニアの集い、コアな集いに違いありません。

　日本食虫植物愛好会が毎月1回、いずれかの週の日曜日に井の頭線の浜田山駅にある浜田山会館で食虫植物の集いを行っていることを知り、どんなアンダーグラウンドなことが行われるのか、興味津々で参加しました。

　入り口に、「第○○回　日本食虫植物愛好会　浜田山集会」と書かれたホワイトボードが無造作に看板代わりに立てかけてあったので、私は夫と手を取り、

　「ここだ！ここだ！」と飛び上がらんばかりに喜びました。

せっかくの休日だったので、夫に浜田山集会に付き添ってもらったのです。本音を言えば、ひとりで行くのが心細かったからですが。
　入り口のドアを開けると、むっとした熱気と湿り気を感じ、テーブルの上には所狭しと食虫植物が並んでいました。
　会費300円を払うと、プログラムを渡されました。このプログラムは集会で毎回渡されるものですが、以下一例になります。

```
12：30　開場　受付
 1：00　種苗交換会その1　歓談
 2：00　展示品の解説、質疑応答
 3：00　ビデオ、スライド上映、栽培教室、実技指導など
 4：30　種苗交換会その2
 5：00　閉会
```

　中に入ると、まさに2時からの展示品の解説の真っ最中で、1人の人がマイクを握って、自分の自慢の栽培品を片手に、栽培したときにどのような苦労があったのかという解説を行っていました。そしてそれを取り囲む人、人、人。
　愛好会の集会に来ている人の層は、フツウのオジサン、キラキラした少年、少しオタク感のある翳りのある青年といった、男性ばかりで構成されていました。女性はあんまりいないようです。
　図鑑やインターネットでしか見たことがない食虫植物が狭い会議所の空間に満ち満ちていたのです。
　しかも、どうやったらこのように立派に育てられるのだろうと思うような、巨大な株がそこかしこに置いてありました。
　展示品の解説が終わり、次のプログラムであるスライド上映会が行

われました。

　その時は食虫植物の自生地のひとつボルネオに行った時のスライドだったように思います。

　聞けば、日本食虫植物愛好会で年に１回、海外の自生地に探索するツアーを行うらしく、食虫植物を見るためだけに有給休暇を使って、ジャングルへと足を運ぶのです。

　また、自生地探索だけでは飽きたらず、国際食虫植物会議というものも行われるらしく、世界中の食虫植物マニアというか研究者が一同に会して発表するイベントにも参加するとのことです。

　マニアの世界は容赦ないです。行けばトコトンだということがよくわかりました。

展示品を取り囲む
人、人、人

ムシトリスミレ
（P.エセリアナ）

そして、スライド上映会も終わり、進行役としてマイクを持っていた会長が、
「皆様、お待ちかねの種苗交換会です！」
　と言ったかと思うと、その声と同時に座っていたオジサン、少年、青年が一斉に立ち上がり、端っこのテーブルに置かれていた山盛りの食虫植物の方へドドドッと駆け寄りました。
　老いも若きも、皆少年のようないい笑顔で、食虫植物を囲んで輪になるじゃありませんか。
　私はまたしても度肝を抜かれました。
　実は、この「種苗交換会」が浜田山集会のメインイベントであるといっても過言ではありません。
　種苗交換会という名称からは、互いに持ち寄った苗を交換する、ほのぼのとしたイベントを想像しがちですが、全く違います。栽培家がそれぞれ持ち寄った余剰苗を、ジャンケン大会にて本気で奪い合うのが、「種苗交換会」の実態でありました。
　なぜ皆本気になるのかといえば、レア品種のためです。レアな品種は市場に出回らないために、入手困難ですが、栽培テクニックがある人ならば殖やすことが可能です。そうしてできた余剰苗をジャンケンに勝つことで、安値で買う権利を得るのです。
　しかも、オークション形式ではなく、ジャンケン大会にしたところが会長の素晴らしいアイディアで、資本を持っている人間が買い占めることなく、値が高騰しないために、誰にでも機会は平等にあります。そのうえ、知り合いにだけあげる手心もありません。
　だからこそ、たかがジャンケン、されどジャンケンで老いも若きも熱くなるのです。
　今までも熱気と湿気でむっとしていたのが、より一層室内の熱気と

湿度が上がったように思います。私も熱気に押されるようにして、ジャンケン大会に参加しました。

ギュウギュウに混んでいる輪の中に押し入りました。すると後ろに立っている人が、

「お目当ては何なの」

と微笑みながら話しかけてきました。

スイマセン、何がマニア垂涎の逸品なのかもよくわかりません。ただジャンケンに参加しただけだったんです。

会長が絶妙のマイクパフォーマンスで大会がスタートしました。

「これは、よそじゃ手に入らないよー。ドロセラ・スコルピオイデス！」

と言うと、合いの手のように会場から、

「安い！安い！」

という声があがります。怪しいマルチ商法の会場かのようです。

しかし、実際にどの余剰苗も実際安く、200円から500円の世界でした。これを浜田山価格、浜値と呼ぶようです。どうでもいい知識ですが。

白熱のじゃんけん大会

私も手を挙げて、積極的に参加しました。
　こんなに本気で、手のひらが汗ばむほどにジャンケンをしたのは子どもの時以来だと思います。
　マニアの熱気に酔ったのでしょうか、それともジャンケンに酔ったのでしょうか、心は千々に乱れました。
　閉会すると、皆何事もなかったように持参したビニール袋に余剰苗を入れて、会場を後に三々五々と解散していきました。
　私はそこで初めて大きく息をつきました。狂乱と冷静の狭間で、私の浜田山デビューは幕を閉じたのです。

夢の島熱帯植物園での買い占め大作戦

　私が初めて参加した食虫植物のイベントは有名種苗会社が主催する即売会でした。
　季節の催事として食虫植物を売っていたのです。
　初めての即売会に興奮し過ぎて疲れてしまい、とりあえず愛好会の人お勧めのウツボカズラのネペンテス・トルンカータ（*Nepenthes truncata*）を買い、お土産にモウセンゴケのドロセラ・ロトゥンディフォリア（*Drosera rotundifolia*）を貰っただけで帰りました。
　自分としては何か負けたという感じがしました。何に対してかはよくわかりませんが。
　その後、鼻息荒く、真夏の夢の島熱帯植物園の即売会※に参加しました。
　真夏の食虫植物のイベント、これは食虫植物マニアのドリームが詰まったイベントです。
　ミッションは食虫植物を多く手に入れることのみです。

※現在は JCPS の即売会は行われていません。

夢の島の熱帯植物園が開場するやいなや、会場までの直線通路を誰も彼が猛然とダッシュ。私も負けじと駆け出しました。

　会場にたどり着くと、日本食虫植物愛好会のオジサンたちは、麦わら帽子を被って、燦々と日が照る中、テキ屋風にビールを飲みながら赤い顔をして食虫植物を売っていました。

　初めて行った即売会では建物内で販売していましたが、夢の島では屋外の広場で、食虫植物が売られていました。キャンピングセットのテーブルを使った即席店舗で気さくに売られていたのです。

　それだけではありません。ここではレジもなく、お金は手渡し、しかも値切り上等です。

　ラフです。非常にラフな感じです。とてもラフなのに、食虫植物はほかのどこに行っても見られないような素晴らしいものばかりでした。

　そのギャップに眩暈がしつつも、安くて美しい食虫植物を目の前にして、私は栽培環境のことも考えずに買いまくりました。

　まず手始めに、大好きなハエトリソウのディオネア・マスシプラ 'ピンク・ヴィーナス'（*D.* 'Pink Venus'）を全部買い占めました。10鉢ほどあったでしょうか。

　D. 'ピンク・ヴィーナス'、およそハエトリソウの名前には似つかわしくない可憐な名前ですが、その名の通りピンクと薄紫の中間のような何とも言えない艶めかしい色合いのハエトリソウです。

　それから、同じくハエトリソウの *D.* '京都レッド'（*D.* 'Kyoto Red'）を買い、サラセニアのS. プルプレア（*Sarracenia purpurea*）を3鉢。プルプレアはS. レウコフィラ（*S. leucophylla*）とはまた違う寸詰まったような形で壺の蓋はヒラヒラとウェーブがかかり、赤く色づいていました。

　そして、ウツボカズラのN. アンプラリア（*N. ampullaria*）とN. グラ

シリス（*N. gracilis*）、壺の大きさが 30cm ほどある N.×ダイエリアナ（*N. × 'Dyeriana'*）を購入しました。

　続いて、ムシトリスミレのピンギキュラ・プリムリフロラ（*Pinguicula primuliflora*）、モウセンゴケの D. ブルマンニー（*D. burmanni*）、D. パラドクサ（*D. paradoxa*）、ミミカキグサのウトリクラリア・リビダ（*Utricularia livida*）、U. ビフィダ（*U. bifida*）、クリオネミミカキグサ（*U. warburgii*）、ウサギゴケ（*U. sandersonii*）、難物といわれるセファロタス（*Cephalotus follicularis*＝和名フクロユキノシタ）まで、買いに買ったりです。

　オジサンたちに、
「持って帰れるの？」
と笑われましたが、1つ1つ古新聞紙で梱包してもらい、折れないように細心の注意を払って、持ち帰りました。

30cmの大きな壺がついているN.×ダイエリアナが大のお気に入りでしたが、温室がないと育てることが難しく、次第に弱ってしまったのですが、N.×ダイエリアナが死力を振り絞り、蕾を出し、奇妙な花を咲かせてくれたのに、いたく感動しました。
　ウツボカズラに似つかわしい、とても奇妙で、綺麗な花でした。
　数日後、N.×ダイエリアナの花の茎にカマキリの卵が産み付けてありました。生み立てホヤホヤのものが茎にぶら下がっていて、わが家の庭先に住む虫たちの抗議活動に感じられました。

食虫植物を売ってみる

　私はある年の夏にムジナモの繁殖に成功し、雄叫びを上げていました。
　ムジナモは比較的栽培が難しいといわれています。半ば諦めかけたムジナモ栽培でしたが、前の年の秋に買ったムジナモがみるみるうちに脇芽をつけ、殖えていったのです。

ムジナモ

それと同時にU. インフラータ（*U. inflata*）も殖えていました。
　食虫植物業界は狭いです。ムジナモが殖えたという噂を何処からか聞きつけたのか、ある日、狂さんから、「ムジナモを出品しない？」と即売会出品へのお誘いの電話を貰いました。
　出品のお誘いは、ものすごく嬉しかったです。小遣い稼ぎができるのも嬉しいですが、それよりも、商品価値がある物を栽培できた事が何よりも嬉しかったのです。
　とりあえず、栽培した物を狂さんに見せて、売り物になるかと聞くと、
「うん。良く育っている。充分、充分」
　あまりにも気軽な感じで言うので、内心不安になりましたが、口には出しませんでした。
　あまりにも嬉しくて、食虫植物に興味がない人にも自慢しましたが、誰も興味を示してくれませんでした。わかっていたことですが、一抹の淋しさを覚えました。
　即売会ではムジナモを1つ1,000円の値段をつけて売りました。ムジナモがいかに難物とはいえ、赤ムジナモ（※オーストラリア産の赤く色づいたムジナモ。珍品）のように珍しいものではなかったので完売には至りませんでした。残念です。売れ残りは、身内の愛好会の人たちが温情で買ってくれました。
　私はムジナモが売れたお金で、記念になるものを買おうと思い、新しい食虫植物を買いました。
　貨幣が食虫植物愛好会の中だけで流通しているような気がしますが、この際気にしないようにしました。あまりに嬉しくて、自分の育てている分のムジナモまでうっかり売ってしまったことも気にしないようにしました。
　私の好きな即売会に川崎市幸区区民祭りの即売会があります。

川崎市幸区区民祭りは、区で行う大規模なお祭りです。区役所の敷地内に多くの模擬店が出る中で、食虫植物の店も出るのです。店の名前は「変な植物屋」という名前でした。

　変な植物を売る店なのか、変な人が植物を売っているのか、微妙なネーミングセンスが素敵です（命名者の狂さんに聞いてみたところ、変な人が変な植物を売っている店という意味だそうです）。

　それにしても、区民祭りの敷地内では、わたあめやたこ焼きと一緒に食虫植物が売られているのです。すごいと思いませんか。私が子どもの頃にこのイベントに出くわしていたら、色々な意味で生涯忘れられない光景になったと思います。

　いままでは即売会ではお手伝いするだけだったのですが、ムジナモ販売で自信がついたので、今回はうまく育ったハエトリソウとモウセンゴケのD.レギア（*D. regia*）を展示する事にしました。

　持参した鉢を綺麗にし、「見本品」と書いた札を立てました。

　売らないのに、良くできた鉢を置くなんて自己満足以外の何物でもありませんが、いいんです。

　自分では良くできていると思っているものの、内心「こんなレベルで見本にするなよ」と罵詈雑言を浴びせかけられるのではないかと不

幸区区民祭

安になっていました。何でも不安に感じるのが私のクセでもあります。
　途中から即売会会場に現れた会長が、D. レギア（*D. regia*）を見て、
「いいレギアだね。売っちゃうの？　ああ、見本か」
と独り言を言ったのを聞いて、やっと安心しました。
　その後、来場したお客さんが、見本の鉢を見て、
「なんだ、見本かよ。売り物じゃねえの」と小声で文句を言うのを聞き、内心ほくそ笑みました。私も性格悪いですね。

栽培解説員に挑戦

　日本食虫植物愛好会では時折、即売会会場で栽培解説を行います。某有名種苗会社の店頭即売会で、来場したお客さんに「食虫植物の育て方」をレクチャーし、栽培に関する質問に答えたりするお仕事です。
　ある日、「スタッフが手薄なので、もしお手伝いしてもらえるようでしたら栽培解説員をやりませんか」というお誘いが私にもやってきました。
　気持ちとしては「喜んでやります」です。が、しかし。覚えることがまだ多くある中で人に教えられるのだろうかと思って躊躇しました。とはいいつつ、「やった後のことは後から考えればいいさ」といつものように思い、引き受けました。
　開店前に愛好会の人たちと待ち合わせをして、前日搬入した株を見栄え良く陳列しました。
　雑草が生えている鉢からは雑草を抜き、枯れている捕虫葉はハサミで剪定し、商品として見られるものにしていきました。店内は冷房が効いていて食虫植物の環境として良くなかったので、乾燥に弱い食虫植物には水遣りと葉水を欠かさないようにしました。

いよいよ開店です。
　会長の田辺さんから、「日本食虫植物愛好会スタッフ」と書かれたプレートを、表彰式のように授与され、食虫植物マニアの来場を待ちました。
　初めての栽培解説は緊張しました。意地悪なお客さん（マニア）に揚げ足を取られたらどうしようと思っていたのです。しかし、実際にはそのようなことはなく、ベテランの愛好会の会員が傍でしっかりフォローしてくれ、お客さんから質問されたときに、私では解説できない事を補足してくれました。
　そして時にはマニアなお客さんの蘊蓄に耳を傾けました。マニアは語りたくて堪らないので、聞くことも仕事のうちです。
　会長による「サラセニア植え替え講習会」も行われ、即売会は満員御礼のうちに終了。その後、お疲れ会と称して、スタッフ全員で近くの安居酒屋になだれ込みました。安堵の中で呑んだ生ビールが美味しかったこと。緊張で喉がカラカラになっていたのでしょうか、それとも店内があまりに乾燥していたので、喉がひりついていたのでしょうか。
　「大人しいね」と言われながらも、しみじみと厚揚げを噛みしめました。
　幸せは自分の中にある、然りです。

育て方 2

食虫植物を育てていると、
「食虫植物ってどんな風に育てるの？」
「温室がないと育てられない？」
「虫をやらないと枯れちゃう？」という質問をよくされます。
そんな皆様の素朴な疑問にお答えできるように、
初心者向けの栽培方法と栽培中の私自身の失敗談を
織り交ぜてご紹介したいと思います。

食虫植物とは？

　食虫植物とは虫を誘い出し、捕らえ、消化・吸収し、それらを養分とする植物です。多くの食虫植物は他の植物との競合の少ない、痩せた酸性の土地で育ち、虫を養分の一部として補ってきました。

　ここで大切なのは、捕虫は食虫植物の成長にとって、あくまで補助的なことだということです。だから、わざわざ虫を捕らえて、餌を与える必要はありません。光合成で充分に育ちます。食虫植物といえども植物なので、虫を与えることにかまけるよりも、日の光と水を適度に与えて下さい。

　食虫植物は面白いメカニズムを持っていて、魅力的な植物ではありますが、他の植物と全く異なるわけではありません。むしろ多くの植物を育てている経験がある方には、食虫植物の育て方を感覚的に会得しやすいといえます。

　食虫植物は世界的に 600 種類以上、分類学的には 12 科 19 属が確認されています。

【ツツジ目】　　サラセニア科
　　　　　　　　　　サラセニア属（サラセニア）
　　　　　　　　　　ダーリングトニア属
　　　　　　　　　　ヘリアンフォラ属
　　　　　　　ロリドゥラ科
　　　　　　　　　　ロリドゥラ属
【ナデシコ目】　ドロセラ科
　　　　　　　　　　アルドロヴァンダ属（ムジナモ）
　　　　　　　　　　ディオネア属（ハエトリソウ）

　　　　　　　　　ドロセラ属（モウセンゴケ）
　　　　　　ネペンテス科
　　　　　　　　　ネペンテス属（ウツボカズラ）
　　　　　　ドロソフィルム科
　　　　　　　　　ドロソフィルム属
　　　　　　ディオンコフィラム科
　　　　　　　　　トリフィオフィルム属
【カタバミ目】セファロタス科
　　　　　　　　　セファロタス属
【シソ目】　レンティブラリア科
　　　　　　　　　ウトリクラリア属（ミミカキグサ）
　　　　　　　　　ゲンリセア属
　　　　　　　　　ピンギキュラ属（ムシトリスミレ）
　　　　　　ツノゴマ科
　　　　　　　　　イビセラ属
　　　　　　ビブリス科
　　　　　　　　　ビブリス属
【イネ目】　ホシクサ科
　　　　　　　　　パエパラントゥス属
　　　　　　パイナップル科
　　　　　　　　　ブロッキニア属
　　　　　　　　　カトプシス属

このうち、本書で栽培方法をご紹介するのは、以下の7グループです。
　　ハエトリソウ　ウツボカズラ　サラセニア　モウセンゴケ
　　ムシトリスミレ　ミミカキグサ　ムジナモ

これらは比較的手に入りやすく、かつ普及種が多く、特別な設備がなくても育てられるものです。栽培方法に関しても設備なしで育てる方法を選びました。
　まずは気軽に食虫植物栽培に馴染むことからはじめていただければと思います。
　また本書では、失敗談も多くご紹介しています。食虫植物栽培の話を愛好家としていると、「この方法はよい」「こんなに良く育った」という話はよく聞きますが、失敗したという話はあまり聞きません。しかし、実際は成功よりも、多くの失敗こそ学ぶところが多いです。失敗することで、この植物には何が必要なのだろう、この植物の弱点は何だろうと考えることができます。
　枯れたら終わりではなく、枯れたことにより、方法論を確立していくことで、食虫植物栽培は上達していくのだと思います。

　私の恥ずかしい失敗談で、「この人、バカだなぁ」と笑っていただけたら嬉しいです。そして、少しでも心に残るものがあれば、なお嬉しいです。

どこで売っているの？
　現在ではホームセンターの園芸コーナーでも入手できるようになりました。販売されるのは、基本的に初夏から夏にかけてで、成株のみです。栽培に必要な用土や用具もほとんどホームセンターで手に入れることができます。種苗を扱う大型園芸店は、ホームセンターに比べ、食虫植物を取り扱っている時期も長く初夏から秋にかけて置いてあるところもあります。

また、通信販売を行っている農園などもあります。下記にその一部をご紹介します。
　取り扱い品種や在庫はお問い合わせのうえご確認下さい。

伊勢花しょうぶ園
　・注文方法　　ネット・FAX
　・住　　所　　〒514-2312 三重県津市安濃町連部 229
　・電　　話　　059-268-2285　　・ＦＡＸ　059-268-3088
　・Ｕ　Ｒ　Ｌ　http://isehana.com/

Y's Exotics（山田食虫植物農園）
　・注文方法　　メール・FAX
　・住　　所　　〒733-0876 広島県広島市西区高須台 1-14　株式会社　小町G.G
　・電　　話　　082-569-5844
　・Ｕ　Ｒ　Ｌ　http://ys-exotics.com/
　・Ｅｍａｉｌ　greengrass.ohara@gmail.com

　ホームセンター、園芸店以外には、各地の趣味団体の即売会や集会の分譲で手に入れることができます。
　一方で業者や食虫植物愛好会の通販では、一年中入手することが可能です。食虫植物愛好会にはシードバンクがあり、成株だけではなく種子も取り扱っています。

```
　　　　　　＜連絡先＞
日本食虫植物愛好会（JCPS）
〒 262-0022 千葉市花見川区南花園 1-4-6
田辺　直樹
TEL/FAX 043-276-6078　E-mail:jcps.tanabe@nifty.ne.jp
```

上記連絡先に FAX または E-mail でお問い合わせ下さい。

本書の種名表記について

　食虫植物の中には和名がないものもあり、和名があるものでも学名で呼ばれているものが多いです。本書では読みやすさを考え、基本的に学名の読みをカナ（または和名）で表記し、スペルは初出時にカッコ書きで併記しています。植物の学名は基本的にラテン語で表記されています。従って原則的には綴り通りに読みますが、英語読みが一般的になっているものに関しては英語読みを優先します。また、種名には必ず、苗字と名前のように、属名が種名の頭につきます。これも、すべて記すと長いので初出以降は省略してます。

　　例　ピンギキュラ・プリムリフロラ（*Pinguicula primuliflora*）
　　　　　　　　　↓
　　P. プリムリフロラ（*P. primuliflora*）

関連用語解説

捕虫葉（ほちゅうよう）	捕虫機能をもつ葉
葉身（ようしん）	トラップ。捕虫葉の捕虫する部分
捕虫嚢（ほちゅうのう）	捕虫機能をもつ袋
腺毛（せんもう）	分泌物を出す組織がある毛
原種（げんしゅ）	かけ合わさっていない元々の種
交配種（こうはいしゅ）	人為的に種をかけ合わせた種
交雑（こうざつ）	（自然に）種が掛け合わさること
抽水植物（ちゅうすいしょくぶつ）	浅水に生活し、茎や葉を水上に伸ばす植物
成株（せいかぶ）	花が咲く状態になった親株
幼苗（ようなえ）	成株に達していない未熟な株
花茎（かけい）	葉を伴わず花だけをつける茎
休眠（きゅうみん）	植物の成長が一時的に不活発になる状態を指す
挿し木（さしき）	花木の枝を切り取り、根を培養土に挿し、不定根・芽を発生させて新しい株を作ること
挿し穂（さしほ）	挿し木に使うために親株から切り取った枝
株分け（かぶわけ）	植物の根株を分けること
葉挿し（はざし）	植物の葉を外し、根を地中に挿し、不定根・芽を発生させて新しい株を作ること
脇芽（わきめ）	先端部の成長点とはまた別に、葉と茎の間から出てくる芽のこと
冬芽（ふゆめ）	冬期に休眠状態になった芽
不定芽（ふていが）	茎の先端や葉腋から出る定芽に対し、それ以外の場所（節間・葉・根など）から出る芽。（本来芽が出るところではないところから発生する芽）
実生栽培（みしょうさいばい）	植物を種子から育てること

灌水	（かんすい）	植物に水を与えること
腰水	（こしみず）	受け皿（鉢皿）などに水を張り、そこに鉢の底部をつけて、底面から灌水する方法
葉水	（はみず）	霧吹きで葉に水をかけること（乾燥やハダニがつくことを防ぐ）
葉焼け	（はやけ）	強い光で葉が焼けてしまうこと
ムカゴ	（むかご）	葉の付け根にできる芽のことで、無性的に新しい個体を生ずるもの。肉芽、胎芽とも言う
無加温栽培	（むかおんさいばい）	ヒーターなどで温めずに栽培すること
宿根草	（しゅっこんそう）	多年にわたって生育する草のこと。地上部は枯れるが地下茎・根が残り、翌年も芽を出すものと、地上部が枯れずに翌年に新芽を出して生育するものを指す
一年草	（いちねんそう）	1年以内に親株になり、子孫を残して枯死する草のこと
水没法	（すいぼつほう）	水を溜めたバケツに、鉢ごと沈めて、虫を駆除する方法。（水没が出来るのは湿地の植物のみ。食虫植物では一部のモウセンゴケ、ハエトリソウ、サラセニア、アメリカンピンギ、ミミカキグサに限る）家庭用洗剤を一滴垂らすことにより、より効果がある
根腐れ	（ねぐされ）	排水性の悪い用土に植えられていることで、根が傷み衰弱すること

関連用具解説

ピートモス	ミズゴケなどが堆積してできた泥炭。酸性で、保水性が高い
乾燥水苔 (かんそうみずごけ)	水苔を乾燥させたもの。水で戻して使う。酸性で、保水性が高く、通気性・排水性に富む
鹿沼土 (かぬまつち)	栃木県鹿沼地方で産出される、火山砂礫が風化した用土。酸性で、通気性・排水性に富む
赤玉土 (あかだまつち)	赤土を高温で焼いて粒状にしたもの。通気性・排水性・保水性に富む
日向土 (ひゅうがつち)	宮崎県日向地方から産出される用土。多孔質で排水性が高い
富士砂 (ふじずな)	富士山の火山灰を園芸用に加工したもの。多孔質で通気性・保水性に富む
バーミキュライト	蛭石を高温で焼成した雲母状のもの。多孔質で保水性が高い
パーライト	真珠石を砕いて高温で焼成したもの
山野草の土	赤玉土、桐生砂、鹿沼土、軽石、日向土、富士砂などが配合された土
ビオソイル	天然の池沼の土で、粘性の高い水生植物専用の用土。ムジナモ栽培に使う
ベラボン	ヤシの実のスポンジ状繊維を特殊加工によりチップ状にしたもの。弱酸性で、保水性が高い
鉢底石 (はちぞこいし)	鉢の底に敷く石
鉢底ネット (はちぞこネット)	用土の流出や虫の侵入を防ぐために、鉢の底に敷くネット
睡蓮鉢 (すいれんばち)	睡蓮を育てるのに用いられる鉢

魅惑のハニートラップ
ハエトリソウ

D. マスシプラ

ドロセラ科／ディオネア属
英　　名：Venus Flytrap
学　　名：*Dionaea muscipula*
栽培難易度：★★☆☆☆

D. 'シャーク・ティース'

　ハエトリソウ（蠅取草）は、ハエジゴク、ハエトリグサとも呼ばれ、学名をディオネア・マスシプラ（*Dionaea muscipula*）といいます。

　英名の「ヴィーナス・フライトラップ」（Venus Flytrap）は、捕虫葉の先についている針状突起を「女神のまつ毛」に見立てた命名かと思っていましたが、捕虫葉の形容から女性器（＝venus）に見立てて名付けられたそうです。

　ハエトリソウは、熱帯の植物のイメージがありますが、実際は北アメリカのノース・カロライナ州、サウス・カロライナ州を自生地とし、環境としては日本に非常に似通っており、四季のある土地で育つ植物です。

捕虫の仕組み

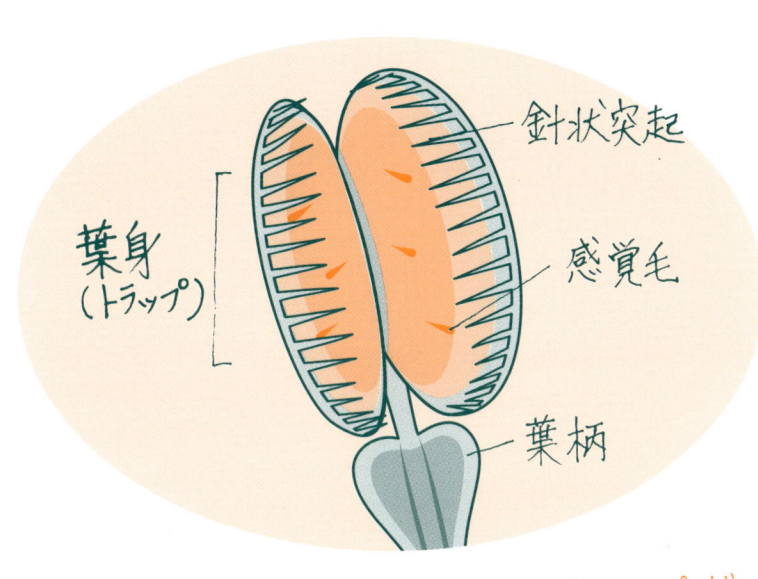

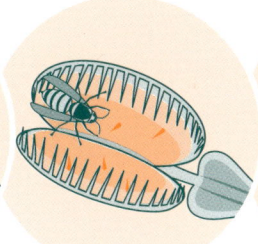

挟み込み式

- 針状突起
- 感覚毛
- 葉柄

葉身（トラップ）

閉じるスピードは0.5秒

針状突起の根元にある蜜に誘われて虫がやってきます。

葉の内側にある感覚毛に2度触ると

葉が閉じ中にいる虫を消化・吸収します。

ハエトリソウ奮闘記

はじめての食虫植物

　私と食虫植物の馴れ初めはハエトリソウです。

　一番はじめに手にしたのは、1鉢500円也の食虫植物キットのハエトリソウで、ハエトリソウに色々な種類があることすら知りませんでした。虫を食べるという奇妙な生態と、植物が動く面白さに魅せられて、俄然興味が湧きました。

　道に咲いている花を綺麗だな、と思うことはありましたが関心を深く抱いたことはなく、栽培したこともありませんでした。にもかかわらず、食虫植物を見たときに、

　「世の中にこんなに魅力的な植物があったのか」

　と雷鳴に打たれたような気持ちがしたものです。

　食虫植物の面白さは存在の面白さです。

　植物は食物連鎖のピラミッドの下方にあります。本来ならば被食を運命づけられたか弱い存在なのですが、食虫植物は食虫能力を進化の過程で身につけています。これはすごいことです。生態系ピラミッドの反逆者、まさに rebelling plants です。

　私は食虫植物を美しいと思うのは、食虫植物が戦う姿をしているからです。

　その強さ、運命に刃向かう気高さに惹かれずにはいられません。

私はハエトリソウを溺愛しました。溺愛したのにもかかわらず、夜な夜なハエトリソウの亡霊が出そうなくらい、枯らしました。ハエトリソウは植物をいじったことのない私には難しかったのです。
　枯れると、とても悲しいです。お墓を建てたいくらい悲しくなるものです。悲しいことではありますが、初心者の方ならば沢山枯らして下さい。無体なことを言うと思われるでしょうが、枯れることでしか覚えられないこともたくさんあります。
　環境に合った栽培法は結局のところ、消去法のような部分があり、これをやったら枯れたから、別の方法を試そう。この方法は駄目だったから、別の方法を試そう。という行為の繰り返しです。
　そのうちに、この方法だったら枯れない、この方法だったら元気になる、という方法論が確立していくものだと思います。ですので、本書の栽培方法も唯一ではなく、1つの指針としてお考え下さい。
　いとうせいこうさんが『自己流園芸ベランダ派』(毎日新聞社)にて

　　延命出来るに越したことはないけれど、我々と別種の生命は思い通りには動かない。それがコントロール不可能であることを、我々は身をもって知る。つまり、園芸は植物を支配することではないのだ。むしろそれが出来ないことを教えてくれるのである。枯れてしまった植物に、だから俺は感謝をささげる。手の出しようもない生命の数々に、俺は感謝する。

　と、書いていましたが、植物は枯れるからこそ、尊いのでしょう。たくさん枯らして涙し、また多くの植物と触れあうこと。
　私もベテラン栽培家ではありませんので、まだまだ枯らし続けると思います。

ハエトリソウ過労死

　ハエトリソウを初めて手にしたときに、動くことが面白く、クモや蟻やダンゴムシを捕虫葉に乗せては、葉の閉じる瞬間を見ていました。
　ハエトリソウは餌やりの必要があると思い込んでいたので、寒くなってからの餌の心配もし、ペットショップで虫を買いためなくては、と考えていました。
　また、触ると捕虫葉が閉じるところも可愛らしく、小さい頃オジギソウを触って遊んでいたことを思い出し、始終触っていました。よい大人のすることではありませんが、ハエトリソウを初めて手にした子どもだったら、必ず取る行動でしょう。
　しばらくハエトリソウを刺激しまくっていたところ、ハエトリソウはだらしなく捕虫葉の口をパックリ開けたまま、触っても虫を乗せても閉じないようになってしまいました。
　ハエトリソウは葉を閉じるだけで相当のエネルギーを消耗します。閉じなくなっているのはエネルギーが消耗し株がバテているためだったのですが、そんなこととは露知らず、栄養が足りないのかと思い、まだ動く捕虫葉に虫をたっぷり乗せました。
　案の定、ハエトリソウは過労死の末、枯死しました。
　ごめんなさい。

チーズをあげたら腐ってしまった!

　ハエトリソウをすぐに枯らしてしまい、栽培法を身につけようと考えて、インターネットの栽培法を参考にしました。
　しかし、用土の解説や細かい品種の説明など、栽培初心者の私には

わからない用語が多く、内容の把握ができませんでした。

　わからない情報が多い中で、「ハエトリソウはチーズのようなタンパク質を好みます。趣味家の中にはペット感覚でチーズを与えたり、薄めた牛乳を与えたりする人もいるようです」という面白そうな記事に興味を持ち、早速挑戦してみることに。

　チーズをいそいそと買ってきて、1cm四方くらいに切り、捕虫葉に乗せてみたとろ、パクッとチーズを挟み込み食べました。

　それがハエトリソウの最後の元気な姿になろうとは、その時は思いもよりませんでした。

　チーズを挟んだ捕虫葉が次第に黒くなり、驚いているうちに、茎まで黒く変色していきました。その時に黒く変色した捕虫葉を切り落とせば良かったのですが、その発想は残念ながら無く、株全体が弱っていきました。

　チーズはあげるにしても、大きくとも2mm×2mmくらいが良く、大きいチーズを与えたために消化不良を起こし、腐敗し、株がダメージを受けたのです。そして枯死、お亡くなりになりました。余計なことをしなければ良かったと、その時は己の浅はかさを呪ったものです。

星野の教訓

　私の経験で言えば、チーズ類はあげない方が良いです。虫やその他の食べ物は腐敗や雑菌侵入の原因になるので、あえてあげるのはやめた方が良いと思っています。

　しかし、ハエトリソウと遊んでみたくて仕方ないというのであれば、止めません。私もそのクチですから。しかし、その好奇心のために枯れてしまうことがあることも事実です。

ハエトリソウが煮えてしまった!

　ハエトリソウを育てるに当たって、ハエトリソウの水枯れを防ぐために腰水をします。腰水とは受け皿等の容器に水を張り、そこに鉢を浸けて鉢の底から水を吸わせる方法を指しますが、食虫植物の多くはこの腰水を必要とします。鉢底から水遣りができるなんて！　と私には革新的な方法に思えました。
　当初、腰水なんて単語ももちろん知らなかった私は、その知識を得るや否や、ウツボカズラにも腰水をしました。
　ウツボカズラには腰水はいらないというか、実際は、すると良くないのですが、私の頭の中には食虫植物イコール腰水の公式が出来上がっていました。

その腰水で悲劇が起きようとは思いもしませんでした。
　あれは、初夏に食虫植物を数多く購入し、食虫植物とともに迎える初めての真夏の日でした。私はすっかり腰水信者になり、腰水さえあれば大丈夫、水枯れしないと思っていました。
　食虫植物が狭い庭にひしめき合い、だんだんとスペースがなくなってきていたので、ハエトリソウをコンクリートの塀の上に移しました。
　真夏の炎天下に、一番陽当たりの良いコンクリートの塀の上にハエトリソウを置き、深さ3cm、幅20cm弱くらいの受け皿で腰水をしたらどうなるのか。
　コンクリートの熱が腰水に伝わり、腰水はお湯になり、鉢の内部は煮えてしまいます。
　私が気付いたときには、ハエトリソウはすでに釜ゆでの刑。クタクタになっていました。その後、すぐにお亡くなりになりました。可哀相なことをしたものです。
　そして、腰水は万能じゃない。注意が必要だということを身をもって知ったのでした。アーメン。

星野の教訓

　鉢はコンクリートの上には置かないように、人工芝やカーペットを敷くと温度の急上昇を避けられます。直射日光が強すぎる場所にはよしずや遮光ネットで遮光してあげると良いでしょう。
　腰水の温度が上がってしまう場合には、腰水の受け皿の面積を大きくし、水の体積を増やすことで温度の上昇を防ぎます。魚を入れるのに使われる発泡スチロール製のトロ箱を縦半分にし、腰水に使うのも断熱になって良いでしょう。

原因はいろいろ……

　食虫植物愛好会の即売会で品種が不明なホームセンターのハエトリソウ 10 鉢と、D. '京都レッド'（*D.* 'Kyoto Red'）、D. 'ロウ・ジャイアント'（*D.* 'Low Giant'）、D. 'シャークティース'（*D.* 'Shark's Teeth'）、D. 'ピンク・ヴィーナス'（*D.* 'Pink Venus'）、D. '赤い竜'（*D.* 'Akai Ryu'）など色々買い集め、特に D. 'ピンク・ヴィーナス' は紅く色づいているのが、とても綺麗でしこたま買いました。

　そして、秋の終わりにホームセンターのもの数鉢残して、全部枯らしました。

　植物はナイーブな存在です。日に日に弱っていくハエトリソウがどうして弱っていくののかがわからず、次第に捕虫葉が小さくなり、茎が細くなり枯れていきました。

　残った数鉢も春に芽吹いたところ、シャクトリムシに食べられてボロボロになり亡くなりました。ハエトリソウは食虫植物なので、虫を食べますが、時折虫にも食べられます。

　何が悪かったのかと申しますと、色々なことが悪かったのでしょう。

　まず、陽当たりが悪かったです。ハエトリソウは暑がるくせに、日光が大好きです。夏場に煮立ってしまってから、日陰に移したのが良くなかったらしく、日光量が足りずに小さくなってしまいました。ワガママな奴です。植物の様子を見ながら、良い場所を探してあげるのが良いようです。

　次に用土が悪かったです。100 円ショップの安い乾燥水苔を使っていました。食虫植物にお金を掛けていたので、用土は安く済ませたかったのです。はじめ、用土が重要な要素であるということには気付きませんでした。

安い乾燥水苔は良くないです。質が悪く、時々虫がわきます。これを使うと、用土の傷みも早く、ハエトリソウは駄目になってしまいました。
　しかし、普通の乾燥水苔に変えても、用土がすぐに傷んで駄目になってしまうのです。
　乾燥水苔でもうまくいく方もいるようですが、わが家ではうまくいきませんでした。Ａさんの栽培法がＢさんのの環境ではうまくいかないのはよくある話のようです。庭かマンションのベランダか、陽当たりの違いなどで、ここらへんは微妙に変わってきます。
　ココピートや鹿沼土にバーミキュライトを混ぜたものを使っている方もいますが、私は生水苔を使ってうまくいきました。
　しかし、それがわかるまでに、どれほどのハエトリソウが枯れたのでしょう。呆然とします。

星野の教訓

　１つ知識として得たことは、ホームセンターのハエトリソウは案外丈夫ということです。高価な他のハエトリソウが死亡していく中、ホームセンターのハエトリソウが僅かですが生き残りました。
　私は高価である以上丈夫だろうと思っていたのですが、それも思い込みでした。高価であるということは稀少だという園芸業界の常識を知らなかったのです。トホホ

ハエトリソウの育て方

入手方法
　ハエトリソウは春から初夏にかけて、ホームセンター、種苗を扱う園芸店などに成株が大量に出回ります。値段も300円〜1000円くらいになります。他の植物の株の善し悪しの見分け方と同じように、大きくしっかりしていて、葉が張ったような瑞々しい株を選びましょう。捕虫葉が小さくいじけてしまっているものや、盛りを過ぎ、用土が傷んでいるものは避けた方がベターです。

用意するもの
- **用土**：水苔、生水苔、鹿沼土＋ココピート＋ピートモスが適しています。
- **容器**：素焼き鉢、駄温鉢、プラスチックの鉢が適しています。

育て方
- **置く場所**

　よく陽の当たる屋外に置きましょう。（1日6時間くらいの日照が望ましいです）真夏に限り、直射日光が当たらない陽当たりの良い場所に置きましょう。コンクリートの上に置くと、腰水の温度が上がってしまうので、なるべく置かないようにしましょう。どうしてもの場合は、人工芝を敷いたり、腰水を断熱効果のあるトロ箱に変えるなど

の工夫をしましょう。

●灌水

　鉢上からの灌水と腰水を行います。鉢の底から１～２センチほどの深さの腰水をします。夏場は水の減りが早いので、上からの灌水をし、腰水を切らさないようにしましょう。

　腰水をする際には、根腐れを起こさないように、たまった腰水を捨て、時折上から灌水し、鉢内をきれいにしましょう。

●冬の管理

　ハエトリソウは冬場に休眠します。最低気温が５℃を下回るようになると休眠に入ります。地上部は枯れてしまいますが、地下部は球根として生きています。

　また、冬場はしっかり冷気に当てないと、冬芽にならないので、屋内の暖かい場所に移動せずに、屋外で越冬させて下さい。

　屋外で越冬する際には、雪や霜に当てないように、凍結しないような場所に置くといいでしょう。灌水はほかの季節よりも少なめに、用土が乾かない程度にあげるのが良いです。水枯れしないように灌水を続けて下さい。

●ハエトリソウの花

　ハエトリソウは初夏に、株の中央から花茎が上がり、白くて可憐な花を咲かせます。結実すると株自体が力を使ってしまうために、株が弱ることがあります。株を保たせたいときには花茎を切ってしまう方が良いでしょう。

ハエトリソウを殖やそう（p.47、48 図解参照）

　ハエトリソウを殖やすのには実生と株分けの方法があります。実生で成株まで大きくするのには時間が掛かるために、株分けで殖やす方

法をご紹介します。

　株分けは、休眠中の2〜3月に行うのが適しています。その際に植え替えも行いましょう。特に水苔は傷みが早いので、年に1回植え替えることをオススメします。

　冬場のハエトリソウの地下部を掘ってみると、百合根のような球根が出てきます。その球根を分かれやすいところを手で2、3分割しましょう。そして1つ1つを新しい用土に植え、来春に新芽が芽吹くまで待ちましょう。

　株が小さいうちは、株分けを無理に行わず、植え替えだけを行う方がよいでしょう。株分けの際には、膨らんだ部分が3個以上あることが望ましいです。

⚠ ハエトリソウは捕虫葉の開閉にパワーを使い、消耗します。指で触って開閉を頻繁にさせると枯れる原因になります。

虫害・病気

アブラムシ、ハダニ、イモムシ類（ヨトウムシ、シャクトリムシ、ネキリムシ、ハマキムシ）、ナメクジ・カタツムリなどの虫害に遭うことがあります。虫を見つけ次第、ピンセットなどで捕殺しましょう。アブラムシは水没法（P.32用語解説参照）で駆除しましょう。ハダニには有効な園芸用殺虫剤を撒布して下さい。野菜用の殺虫剤なら問題はないでしょう。また、用土の腐敗から根腐れを起こすことがあります。用土が傷む前に植え替えをしましょう。

ハエトリソウの植え替え
2〜3月

① 乾燥水苔を、バケツなどの容器に入れて、水で戻します。

② ハエトリソウを古い鉢から取り出し、用土から外します。

根を傷めないように、水を流しながら、行うとよいですよ。

③ 新しい水苔で根をくるみ、鉢に合う大きさにします。

④ 新しい鉢に、軽石をしきます。

⑤ 緩すぎないように鉢に入れます。

植え替え後も屋外に置きましょう。

ハエトリソウの株分け

ハエトリソウは、冬に地上部が枯れ、休眠します。休眠中の2〜3月に株分けしましょう。

球根状になったものを、手で2〜3分割し、

→ 株分けします。

→ 1つ1つ、浅めに植えましょう。

5〜6月頃に花が咲きますが

結実すると株が弱るので、切ってしまいましょう。

■ほっと一息ハエトリソウコラム■

　食虫植物は色々なキャラクターのモチーフにされています。他の植物とは違う奇妙な姿形にインスパイアされるのでしょうか。
　特にハエトリソウをモデルにしたキャラクターがいくつか存在します。
　まず、あげられるのは、任天堂のご長寿ゲーム「マリオブラザーズシリーズ」の「パックンフラワー」です。赤地に白（緑地に白もあり）の水玉模様に、土管から牙の生えた口をパクパクさせる姿はいかにもな感じで、ハエトリソウのイメージ普及の一端を担っているともいえます。
　次にあげられるのは、アニメやゲームでおなじみの「ポケットモンスター」のキャラクター「マスキッパ」です。
　ハエトリソウをよりデフォルメしてキャラクターにしたもので、名前もハエトリソウの学名 *Dionaea muscipula* から取ったのでしょう。
　顔の部分が捕虫葉になっており、一目見て「ハエトリソウだな」ということがわかります。
　似たもので、ウツボカズラをモチーフにしたと思われる「ウツドン」というキャラクターも存在します。
　また、時代を少しさかのぼり、ハエトリソウは仮面ライダーの怪人のモデルになって登場します。
　その名も「ハエトリバチ」。
　第92話「凶悪！にせ仮面ライダー」のニセ仮面ライダーとともに登場する怪人で、ハエトリソウと蜂がフュージョンしたキャラクターです。
　食うものと食われるものが合体するなんて、そんな無茶な、とも思いますが、顔半分がハエトリソウの捕虫葉、顔のもう半分が蜂になっていて、胴体には蔓のようなものが巻き付き、なかなかかっこいいデザインです。
　仮面ライダーには「人喰いサラセニアン」というサラセニアをモデルにした怪人も登場するので、食虫植物は仮面ライダー業界に大いに貢献しているともいえます。
　食虫植物はマイナーな存在と思われがちですが、意外と身近なところ（？）にいたのです。

あやしい壺で昇天
ウツボカズラ

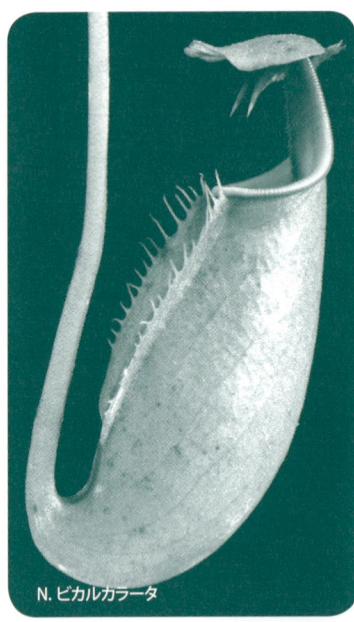

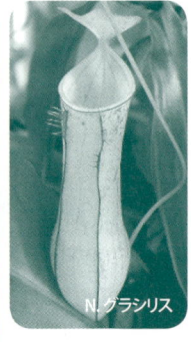

N. ピカルカラータ

N. グラシリス

N. トルンカータ

N. アンブラリア

ネペンテス科／ネペンテス属
英　　名：Tropical Pitcher Plant
学　　名：*Nepenthes* spp.
栽培難易度：★★★☆☆

　ウツボカズラ（靫葛）は、学名をネペンテス（*Nepenthes* spp.）といいます。種名（学名）は基本的に「ネペンテス・○○○」と呼びます。（本書ではN.と略しています）ちなみに、英名はトロピカル・ピッチャー・プラントです。蔓性の植物で、自生地は、マレーシア、スマトラ、ボルネオ、ジャワ、フィリピン、タイ、ビルマ、香港、ラオスなどの東南アジアや、オーストラリアヨーク半島、スリランカ、セーシェル、マダガスカルまで熱帯地方中心に分布しています。種類も多く、これまでに70数種が知られています。捕虫袋の色や形や大きさも様々で、袋の付き方や襟の形に特徴があり、鑑賞価値が高いです。

捕虫の仕組み

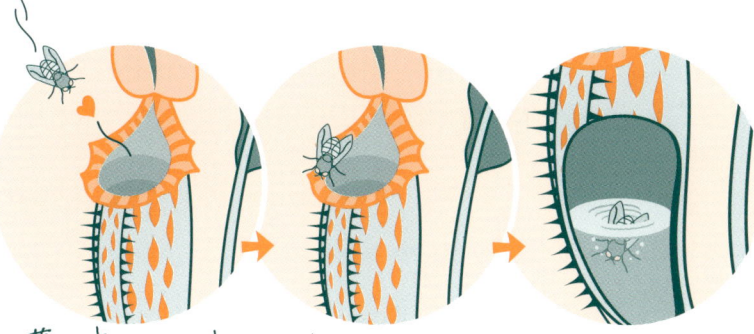

落とし穴式

- 蓋
- 蜜腺
- 葉
- 襟
- 蔓
- 捕虫袋
- 消化液

蓋の裏にある蜜に誘われて虫がやってきます。

襟の部分にとまると、中に滑り落ち…

捕虫袋の中で消化・吸収されます。

ウツボカズラ奮闘記

早速、失敗。

　私が初めて手にしたウツボカズラは N.×ミクスタ（*N.* × 'Mixta'）と思われるものでした。

　生花店である夫の店から里子に貰い受けたものです。ウツボカズラを目にするのは、それが初めてでしたが、何より目についたのが奇っ怪な壺です。葉の先からぶらさがるヒョウタンのような壺には、蛇の鱗のようなまだら模様がペインティングされていて、毒々しく、形はそそり立つイチモツのようで、たちまちその御姿の魅力にハマってしまったのです。

　すっかり気に入った私は置き場も考えずに3鉢買いました。

　その面妖さ、可愛らしさの虜になった私は飽きずに眺めていたのですが、こいつを何とか枯らさずに保ちたいと強く思いました。

　植物栽培経験の浅い私は、ましてや食虫植物の栽培方法なども知らず、ネットを駆使して調べることにしたのですが、ネット上の栽培指南は専門用語が多く、ましてや植物栽培自体不慣れな私にはハードルが高すぎました。クエスチョンマークばかり浮かんだものです。

　そして、とにかく失敗してみよう、そうすれば自ずと答えも出るさ、と極々楽観的に考えたのです。

　そして本当に多くの失敗を犯しました。無茶な性格も災いして、ほ

かの人はしないような失敗も犯しました。

　この失敗が他の方に役立つことがあれば、誤り多き私の立つ瀬があるってものです。

蟻の巣も全滅させるが、ウツボカズラも全滅

　わが家は傾いています。築何十年の借家に住んでいるのですが、建物が老朽化して玄関がひしゃげています。修理すればいいじゃないかと賢明な御仁はお思いでしょうが、自然のままにするのがわが家のモットーです。いや、ただ面倒くさいだけなのですが。

　普段はそれで不自由することはありません。ただ、夏場になると蟻の大群がひしゃげた玄関の隙間からいらっしゃいます。市販の駆除剤もあまり効果がありません。

　そこで私はふと、あるアイデアを思いつきました。

「ウツボカズラを蟻の通り道に置けばいいじゃないか」

　こいつを何とか枯らさずに保ちたいと強く願った思いは何処にいったのでしょう。即物的な私は愛する植物を道具化するというとんでもないことを思いついてしまったのです。愛憎とは常に表裏一体です。

　しかし、この時は我ながら良いアイディアだと思ったのも真実です。

　玄関手前の蟻の通り道に試しにウツボカズラを1鉢置いてみました。な、なんと、蟻はみるみるうちに毒々しい壺の中に入っていくではありませんか。まるで死の行進のようです。

　蟻はわが家の中に一匹も入ることなく、すべてウツボカズラの壺の中に身を投げていきました。我ながら薄ら寒くなる思いがします。

「ニンゲン様の勝利だぜ」

　私が高らかに宣言したときには、巣から出てくる蟻は一匹もおらず、

すでに全滅していました。しかし、ウツボカズラにも変化が起きようとは予想すらしていませんでした……。

　食虫植物は本来栄養のない土地で育つために、食虫能力を持ち、進化を遂げた植物です。そのために肥料なども不要で、捕虫もあくまで補助的なものです。（※そのために、餌やりの必要もありません）

　栄養を多く必要としないウツボカズラが蟻を食べ過ぎるとどうなるのか。栄養過多になり、数日経つうちに、美しかった壺がすべて茶色く腐っていきました。葉もしおしおとし、元気が無くなってしまったのです。

　壺を切り落とし、葉も剪定して、再生を図りましたが、人間（私）のエゴに腹を立てたのでしょうか、ありし日の姿を見せることは二度となく、お亡くなりになりました。

我が家はバイオハザード

　屋外で食虫植物を育てていると、近所の人たちに声を掛けられることが多々あります。

「それは食虫サボテンですか？」（注：そんなものはありません）
とか、サラセニアを指して、
「立派なカラーですね、大きくなるのですか？」
と言われたこともあります。
　ご近所の方にも、変な植物を育てているアヤシイ奴という目で見られるのでしょうが、それは仕方がないことです。
　大人は生暖かい目で見守るだけなので、まだ良いのです。問題はお子様。わが家は近所の子どもたちに「バイオハザード」と呼ばれ、格好のプレイスポットとなっていました。
　ある日、ウツボカズラの調子を見ようと表に出たところ、子どもたちが一目散に走っていくのが見えました。どうせ、食虫植物を触って遊んでいたのだろう、と思い、ウツボカズラを見たところ、……壺（捕虫袋）がない。
　持っていかれてしまったようです。
　哀れ、葉だけになってしまったウツボカズラは、もはや食虫植物ではありません。
　とりあえず、子ども対策として、紙に「触るな　危険」と書いて貼っておきました。
　それが功を奏したのか、元来飽き性な子どものことだから、飽きたのかわかりませんが、イタズラされることは無くなりました。

越冬に失敗して全滅

　N.×ミクスタを手にした私は、俄然ウツボカズラの魅力にハマり、「ヒョウタンウツボカズラ」こと、N. アラタ（*N. alata*）を3鉢購入し、食虫植物愛好会の夢の島での即売会で、N. トルンカータ（*N.*

truncata)、N.×ダイエリアナ（*N.* × 'Dyeriana'）、N. グラシリス（*N. gracilis*）、N. アンプラリア（*N. ampullaria*）を購入しました。

　N.×ミクスタとヒョウタンウツボカズラは、夏は屋外、冬は室内で何とか栽培できますが、N.×ダイエリアナ、N. アンプラリアは温室が本来だったら欲しいところです。

　お金もないので、いきなり温室というわけにもいきません。冬が迫るにつれ、外気温も下がり、屋外に植物を置いたままにすれば枯死するのは目に見えていました。

　そこで、温室を建てられない代わりに、高温多湿の温室に似たお風呂場に移そうと思いつきました。

　我ながら良いアイディアと思ったものです。

　お風呂場は湿度も高く、保温性にも優れています。わが家のウツボカズラをすべて、お風呂場の天井から吊しました。圧巻です。

　入浴する際には、南国の植物に囲まれて、ちょっとしたお金持ち気分を味わえました。安い私。

　しかし、湿度が高く、保温性に優れすぎていたことが仇になりました。高温多湿を好むウツボカズラは同時に、通気性も好むため、蒸れるのを嫌います。なんてワガママな奴なんだ、と言いたいところですがそれは食虫植物の特性なので仕方ありません。

　徐々に葉が茶色く、垂れ下がり、日光量が足りないのか葉が幅広くなっていきました。そして茶色からどす黒く変色し、用土（水苔）にはカビのような白いものも生えています。わが家はひしゃげた家なので、お風呂以外はとても寒く、屋外とあまり変わりがないために、他の場所には置くこともできません。

　葉を剪定し負担を減らし、お風呂場の窓を開閉し、通気性を良くしてみましたが、時すでに遅く、見るも無惨な姿になって枯死全滅……。

ウツボカズラの育て方

入手方法
　ホームセンター、種苗を扱う園芸店などで入手することができます。価格は1,000〜5,000円くらいです。初心者向けオススメの栽培種は、以下の3種です。
- ヒョウタンウツボカズラ（*N. alata*）
- N. ベントリコーサ（*N. ventricosa*）
- N. グラシリス（*N. gracilis*）

用意するもの
- **用土**：水苔、ココピート、ピート＋川砂、日向土、鹿沼土、赤玉土が適しています。
- **容器**：素焼きの鉢、プラスチックの鉢、吊り鉢が適しています。

育て方
●置く場所
　直射日光が当たらず（葉焼けするため）、なおかつ陽当たりの良い屋外に置きましょう。水はけを良くするためにハンギングするのが良いです。乾燥を防ぐために、霧吹きなどで1日1回葉水（※葉の表面に霧吹きで水を掛けること）してあげましょう（できれば温室など加温できる環境が望ましいです）。

●灌水
　ウツボカズラには、水を多く好むものと乾燥を好むものなど種類によって、灌水の程度は変わってきますが、オススメの栽培種に関しては、表面がやや乾燥してきたらたっぷり用土の上から灌水をするようにしましょう。
　ほかの食虫植物のように腰水はせず、通気性を良くします。
　用土を過湿にするよりは、空中湿度を上げることで、捕虫袋がつきやすくなります。
●冬の管理
　外気温が15℃以下になったら、ウツボカズラを陽当たりの良い室内に移しましょう。蒸れないように、通気性の良い場所に吊るし、水枯れしないように、灌水を忘れないようにしましょう。

ウツボカズラの種類
　ウツボカズラの壺は3種類に分かれます。
●ロウアーピッチャー（下位袋）
　根の近く、株の下部につく捕虫袋です。
●アッパーピッチャー（上位袋）
　ある程度成長したときに、株の上部につく捕虫袋です。
●グラウンドピッチャー（地上袋）
　N.アンプラリア等に見られます。ある程度成長したときに、根回りから生えるために、地面から生えているかのように見えます。

ローランド種とハイランド種
　ウツボカズラは熱帯性の植物と書きましたが、実際にはジャングルにのみ自生する植物ではなく低地性のものをローランド種、高地性の

ものをハイランド種と言います。
つまり、ウツボカズラは大きく、ローランド種とハイランド種に分かれ、栽培方法も大きく異なります。

　ローランド種は高温多湿を好みますが、一方ハイランド種は高山に自生しているため、昼間は冷涼な気候で夜は霧で多湿という環境で育ちます。そのために低温加湿を好みます。

　低温加湿という環境を作るには、クーラー設備や加湿器、そのための温室が必要になります。

　道楽者の趣味といった感がありますが、ハイランド種は捕虫袋の形が面白いものが多く、鑑賞価値も高いです。

　今回は栽培難易度の低いローランド種の栽培方法をご紹介しましたが、ローランド種の栽培ができるようになったら、上級編として挑戦してみて下さい。

挿し木で殖やそう！（p.60 図解参照）

　挿し木とは、植物の枝を切り取り、切り口から根を生やして植えつける殖やし方のことを指します。

　挿し木の適期は成長が盛んになる前の春から梅雨時です。必ずあたたかい時期に行いましょう。

　ウツボカズラの伸びすぎた主茎の上の部分を切りましょう。切った部分を挿し穂にし、切り口を鋭利な刃物で切断します。

　挿し穂は葉が2、3枚ついている状態が良いです。（蒸れを防ぐために葉を半分にカットしましょう）

　カットした切り口部分を水に挿し、水揚げをしっかり行ってから、水苔に挿します。

　水枯れしないように、腰水で管理しましょう。

ウツボカズラの挿し木
6〜7月梅雨時

1 挿し穂となる部分を取りましょう。

2 葉は半分に切り、蒸れを防ぎます。

3 挿し穂の先(挿す部分)を鋭利な刃物で切り水あげします。

4 水あげして、すぐに水苔に挿します。

うまくいけば1〜2ヶ月で発芽、発根します。

ガンバッテ

ヒーターを使った水挿し方法もあります!

水槽に水をはり、サーモスタットヒーターで温めます。
水を入れた瓶に挿し穂を挿し水槽に入れます。

しばらくして、挿し穂の葉の付け根から芽が生えてくれば成功です。
挿し木は必ずしも成功するわけではないです。挿し穂の先に発根剤を塗布すると成功率が上がるようです。

調子が悪くなってきたら……

茎を切り戻し、挿し木のようにし、葉を半分に切ってみて下さい。

植え替え

ウツボカズラは、根を傷めると株の調子が悪くなります。植え替えの際に根がちぎれやすいので、根が回っていない部分だけを取り除き、周りに用土を足して植え替えをします。

⚠️ 吊り鉢にすることで、用土が乾くのが早いです。
水枯れさせないように気をつけましょう。

虫害・病気

アブラムシ、カイガラムシ、イモムシ類、ハダニ、カタツムリ・ナメクジなどの虫害に遭います。虫を見つけ次第、ピンセットなどで摘み、捕殺しましょう。ネマトーダ（線虫）が根に入ることがあります。鉢を直接地面に置かないようにしましょう。ネマトーダが入った場合は、挿し木などをし株を更新してしまった方が良いでしょう。

炭そ病、褐色斑点病、灰色カビ病
罹患した箇所を取り除き、殺菌剤を撒布します。
病気の予防には、栽培場を清潔にしましょう。また、病気になった場合には、用土を植え替え、栽培場の掃除や消毒を行い、栽培環境を見直しましょう。

虫たちの恐山
サラセニア

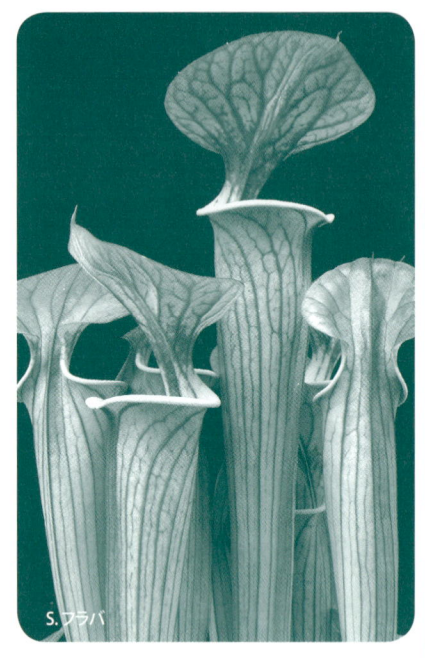

S. フラバ

S. ミノール

S. レウコフィラ　　S. プルプレア

サラセニア科／サラセニア属
英　　名：North American Pitcher Plant
学　　名：*Sarracenia* spp.
栽培難易度：★☆☆☆☆

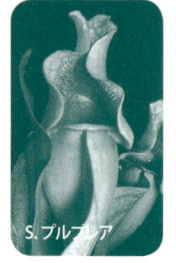

　サラセニアは和名をヘイシソウ（瓶子草）といいます。サラセニアは、カナダのケベック在住のフランス人医師ミシェル・サラザン博士（M. S. Sarrazin）の名前にちなんで命名されました。種名（学名）は「サラセニア・○○○」と呼びます。（本書ではサラセニアは S. と略しています）北アメリカ大陸の南部、東部、カナダの一部に分布して自生しています。

捕虫の仕組み

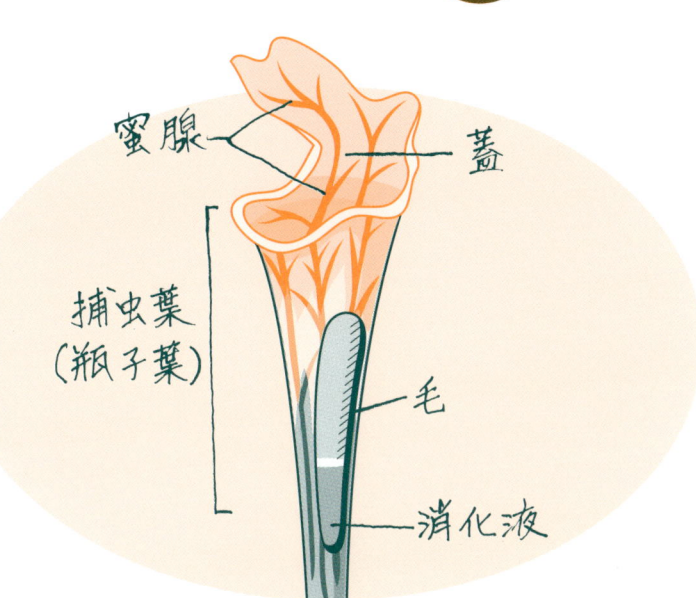

落とし穴式

蜜腺 — 蓋
捕虫葉（瓶子葉）
毛
消化液

蜜に誘われて虫がやってきます。

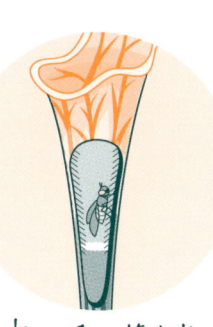

中に滑り落ちた虫は逆毛によって底部に落ち

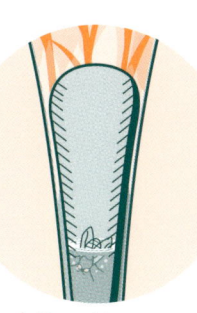

捕虫葉の中で消化・吸収されます。

サラセニア奮闘記

ミドリ色のニクイ奴

　他の食虫植物が多くの種類があるのに対して、サラセニアの原種は以下の 8 種類のみとなります。

　　　S. アラタ（*S. alata*）和名ウスギヘイシソウ
　　　S. フラバ（*S. flava*）和名キバナヘイシソウ
　　　S. レウコフィラ（*S. leucophylla*）和名シラフヘイシソウ
　　　S. ミノール（*S. minor*）和名コヘイシソウ
　　　S. オレオフィラ（*S. oreophila*）
　　　S. プシタシナ（*S. psittacina*）和名ヒメヘイシソウ
　　　S. プルプレア（*S. purpurea*）和名ムラサキヘイシソウ
　　　S. ルブラ（*S. rubra*）和名モミジヘイシソウ

　サラセニアの原種は 8 種類だけですが、自然界でも交雑が非常に多く、また交配が簡単にできるため、数多くの交配種がつくられています。捕虫葉の形も様々で、葉脈が美しいものや、蓋が湾曲しているものなどがあります。また稀少ですが八重咲きの花があります。

　私が初めて手に入れたのは、伊勢花しょうぶ園産の S. レウコフィラ（*S. leucophylla*）でした。

　サラセニアは、ハエトリソウの次に手に入れた食虫植物です。

　札には、S. ドラモンディー（*S. drummondii*）と書かれていましたが、

S. ドラモンディーはシノニム（異名）で、S. レウコフィラの名称の方が主流です。これは、しばらくしてから知りました。
　サラセニアを初めて手にし、ハエトリソウのように動きがあるのかと思い、楽しみにしていましたが、サラセニアの蓋が閉まることもなく、動きのないぬぼーっとした感じが、正直なところ面白味がないように思ったものです。
　購入時にピートに植わっていたものを、大きな鉢（6号鉢）に水苔単体で植え替えたところ、夏場に伸びること伸びること。成長が著しく早く、植物自体に動きがないことをカバーするような面白さでした。
　また、何より食欲旺盛なところも共感というか、興味を引かれました。蟻もクモもスズメバチもどんどんサラセニアに身投げしていきます。いくら食べても葉や株が弱るということなく育ってきました。稀にアマガエルやカマキリが飛び込むこともあるようです。
　購入時に捕虫葉の高さが 20cm 程だったのが、植え替えしたことにより、30cm ほどの高さになり、伸び続けました。
　新芽が出てくるうちに、斜めに伸びたり、風に当たって途中で折れてしまう葉が出てくるようになったので、行灯仕立ての支えを作ってやりました。
　水が欲しいと言えば水をたっぷり遣り、雨風が強い日にはすぐに家の中に招待し、「面白味が少ないように思った」ということもすっかり忘れて、蝶よ花よと可愛がるようになりました。

食虫植物キット15鉢入りをオトナ買いし、ハエトリソウやモウセンゴケを寄せ植えした際には、「虫たちの恐山」の象徴として、中央にサラセニアを植えました。それほどにサラセニアが可愛くなっていたのです。

　そして、サラセニアの魅力に取り憑かれ、すぐにS. プルプレア（*S. purpurea*）、S. ミノール（*S. minor*）をJCPS主催の夢の島の即売会で購入しました。

　購入した株はミミカキグサやウツボカズラ、ハエトリソウなどのほかの食虫植物に比べて、家で栽培して段々と状態が悪くなるということもなく、丈夫に育っていきました。

　ほかの食虫植物に比べて、サラセニアは初心者にとって育てやすいのです。

　初めてだけど、難しいことを考えずに食虫植物を育てたいという方には、私は断然サラセニアをオススメします。必要なのは日光に当たる場所と水だけ。放っといても丈夫に育つ、健気な植物なのです。

　それゆえ、サラセニアに関しては、他の食虫植物のように失敗談がてんこ盛りというのは残念ながら（？）ありません。

とはいうものの

　とはいうものの、購入した株すべてを枯らしていないかというと、サラセニアも何鉢か枯らしてしまいました。

　原因は秋の終わりから冬にかけての水枯れです。

　サラセニアの水遣りを忘れていて枯らしてしまいました。冬場は生育を休止しますが、水遣りを忘れると枯れてしまいます。夏場はあんなに可愛がっていたのに、可哀相なことをしました。

しかし、水遣りのような基本的なことを忘れなければ、あまり枯れることもありません。越冬すれば、4月〜5月くらいに花が咲きます。サラセニアの葉に負けないくらい個性的な花です。ただし、花を開花し、結実すると株が弱りますので、ご注意下さい。花は一重のもののほかに八重の花もあります（カラー口絵参照）。
　そして秋になると紅葉します。四季折々の鑑賞価値が高いです。

怪人サラセニアン登場

　余談ではありますが、私が食虫植物マニアだということで、知り合いの方から仮面ライダーの敵キャラである「怪人サラセニアン」のフィギュアをいただきました。
　「怪人サラセニアン」はサラセニアをモチーフにしているらしいのですが、胸の辺りにサラセニア特有の葉脈が走っていて、なるほどサラセニアらしいです――。
　話は変わって、今回サラセニアのことを書くにあたって、サラセニアのことをそぞろに調べていたら、サラセニアの花言葉というものを見つけました。
　「サラセニア　花言葉　変人」
　こんな花言葉は初めてです。これ、花言葉なのでしょうか。
　「怪人サラセニアン」といい、サラセニアの花言葉といい、世間のサラセニアに対する評価がうかがえてしまう一瞬です。サラセニアって、そんなにキワモノでしょうか。
　サラセニア特有の葉脈はアーティスティックで美しいように思いますよ、私は。

サラセニアの育て方

入手方法
　ホームセンター、食虫植物及び種苗を扱う園芸店などで入手することができます。500円～2,000円くらいの価格帯です。

用意するもの
- **用土**：水苔単体、ベラボン＋鹿沼土、ベラボン、鹿沼土＋パーライト＋長繊維ピート＋ベラボン、鹿沼土＋赤玉土＋バーミキュライト＋パーライトが適しています。
- **容器**：素焼きの鉢、プラスチックの鉢が適しています。

育て方
- **置く場所**

　陽がよく当たる屋外に置いて下さい。耐暑性に優れているので、直射日光が当たる場所で大丈夫です。逆に陽の当たらないところでは育ちません。

- **灌水**

　サラセニアは水を好みます。
　しかも水を多く必要とするので、水枯れしないように気を付けましょう。上からの灌水と腰水を必ず行いますが、鉢の底から1.5～2cmほどの深さの腰水をします。夏場は水の減りが早いので、減ったら鉢

の上から灌水し、腰水を切らさないようにします。
　腰水をする際には、根腐れを起こさないように、たまった腰水を捨て、時折上から灌水し、鉢内をきれいにしましょう。
　スペースが許すならば、発泡スチロールのトロ箱などに水を張って、中に複数鉢入れると良いでしょう。腰水の温度の上昇と水枯れを防ぐことができます。

●冬の管理

　冬場は屋外で越冬させます。冬場に完全に地上部が枯れてしまうことはありません。
　夏場ほど水を必要としませんが、用土が乾ききってしまわない程度に、冬も灌水を続けます。なおかつ根腐れしないようにも気を付けましょう。
　また冬場（2月～3月）に植え替えをしましょう。

●ひと工夫

　サラセニアは強風に当たると、葉が折れてしまうことがあります。そのため、折れない工夫として、朝顔を行灯仕立てにするときに使う支柱を鉢につけて、サラセニアの葉を補強してあげると、折れずに育ちます。

> サラセニアの鉢のサイズに合わせて針金で自作してみましょう。

サラセニアを殖やそう！ (p.71 図解参照)

　サラセニアの増殖方法で簡単なものは株分けです。どのように株分けするのかと言えば、地下茎に根茎があるので、手で折れやすいと感じるところでボッキリ折ってしまいます。(通常、2、3株に分けます)根茎を折り分けることで、株分けできます。植え替えと同じように分けた株を1つの鉢ごとに植えて下さい。1つの株から3つ株分けしたとするならば、3鉢に増えます。サラセニアの株分けは植え替えと同じ時期（2月〜3月）に行うのがベターです。

⚠️　サラセニアは日によく当てる一方で、腰水がお湯にならないように注意しましょう。

虫害・病気

アブラムシ、イモムシ類、ハダニ、カタツムリ・ナメクジ、アザミウマ、バッタなどの虫害に遭います。殺虫には有効な園芸用殺虫剤を撒布して下さい。ただし、薬害のリスクがあるため、出来るだけ薬剤は使わず、虫を見つけ次第、ピンセットなどで捕殺しましょう。
アブラムシは水没法 (P.32 用語解説参照) で駆除しましょう。

- -

モザイク病　他の株にうつらないように、株と用土を廃棄しましょう。
立ち枯れ病　鉢から抜き、根や茎の腐った部分を切除し、植え替えた後に殺菌剤を使います
黒星病　　　罹患している箇所を切除し、殺菌剤を使います。
スス病　　　罹患した箇所に水をかけてスポンジでこすります。
病気の予防には、栽培場を清潔にし、用土が傷んできたら植え替えましょう。

サラセニアの株分け
2〜3月

1 サラセニアを鉢から取り出し、用土から外します。

2 外れやすい部分を手で優しく折ります。 ポキリ

3 植え替えと同じ要領で1つ1つ鉢に植えます。

サラセニアは日によく当てて下さい。

鉢がたくさんある場合は半分に切ったトロ箱を使って腰水すると良いですよ。

魚屋さんでもらってネ

きらめく粘液
モウセンゴケ

D. ジグザギア

D. マンニー

D. ハミルトニー

D. トリネルビア

ドロセラ科／ドロセラ属
英　　名：Sundew
学　　名：*Drosera* spp.
栽培難易度：★★☆☆☆

　モウセンゴケは漢字で毛氈苔と書きますが、苔の仲間ではなく、赤く色づいた繊毛を緋毛氈に見立てたことから、その名前が付けられました。学名をドロセラといいます。種名（学名）は基本的に「ドロセラ・○○○」とされます。（本書では D. と略しています）モウセンゴケは全世界で約 200 種が確認されています。世界の温帯から亜熱帯にかけて広く分布し、南北アメリカ、ヨーロッパ、東南アジアに自生し、日本においても自生するなど、分布域が広いことが特徴です。

捕虫の仕組み とりもち式

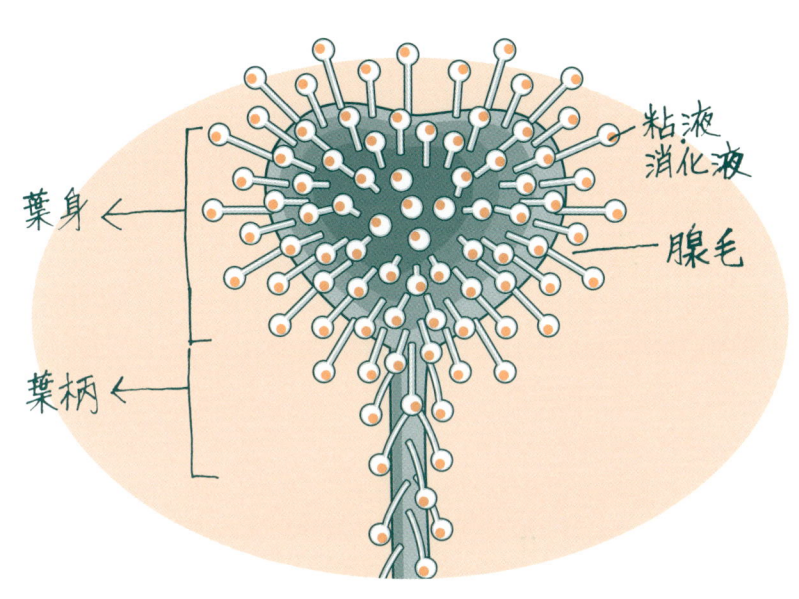

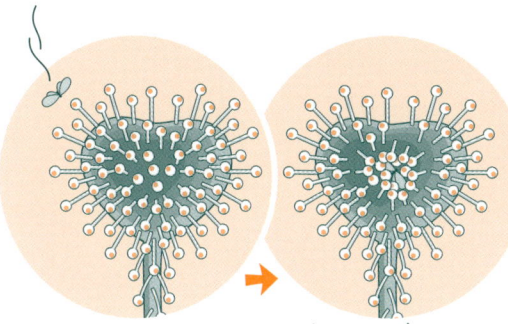

- 粘液・消化液
- 腺毛
- 葉身
- 葉柄

虫が腺毛の上にとまると

→

腺毛が巻きこむように動き、虫を捕えます。

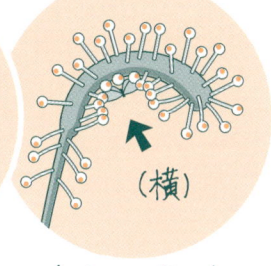

（横）

腺毛から消化液を出して、消化・吸収します。

モウセンゴケ奮闘記

微妙な違い

　私が初めて手にしたモウセンゴケは D. アデラエ（*D. adelae*）、D. カペンシス（*D. capensis*）、D. ビナタ（*D. binata*）でした。

　正直言って、モウセンゴケはそれぞれが微妙な差異なので、違いがよくわかりませんでした。もっと本音をいえば、どれも同じに見えるのです。

　モウセンゴケマニアになると、その微妙な差異をこよなく愛するのですが、初めは D. アデラエも D. カペンシスも同じに見えました。

　今でも同じようにしか見えない種類が多くあります。

　観察するうちに、何となく違いがわかるようになり、面白くなりました。モウセンゴケはハマれば奥深いマニアの穴です。

　最初に育てた D. ビナタは、捕虫葉が四又に分かれていて、懐かしの漫画『寄生獣』のようで面白く、そのまま歩き出しそうな印象を受けました。D. ビナタが夜中に鉢からそっと抜け出して歩き出しているところを想像して自分で怖くなったりしました。

　モウセンゴケに魅力を感じたのは、食虫植物愛好会主催の浜田山の集会にて、ベテラン栽培家の中村さんという方の球根（塊茎）ドロセラ（モウセンゴケの一種）を見たときです。彼の栽培する球根（塊茎）ドロセラは園芸品の域を超え、まさに芸術品、それも至高のです。丹

誠込めた園芸品がいかに美しいかは、栽培初心者の私にもはっきりとわかりました。
　モウセンゴケの腺毛には粘液がキラキラと光っていて、宝石なんかメじゃないほどに綺麗だったのです。
　モウセンゴケの美しさは食虫植物随一で、地味だという考えを改めました。陽の当たる角度によって、モウセンゴケが光り輝き、思わずため息が漏れました。
　私が「こんなに綺麗な植物を見たのは初めてです」と話すと
　中村さんは「これを見ながら、1人でいつも一杯やっているんですよ」と笑って言いました。
　植物に命が宿り、その命を燃えさからせているような輝きに、私は魅力とともに寒気すら覚えました。

何が何だかわからない

　モウセンゴケとひとえに言っても、数多くの種類があります。栽培的な見地で分類すると以下のようになります。
　　1. 温帯性ドロセラ
　　2. 熱帯性ドロセラ
　　3. ピグミードロセラ
　　4. 球根（塊茎）ドロセラ
　　5. ペティオラリス類
　　6. 南アフリカ産の休眠性ドロセラ
　　7. オーストラリア産森林性ドロセラ
　やや難しい話なので、記憶の片隅に置いて下さい。
　まず、モウセンゴケの栽培するにあたって、どう栽培して良いか全

くわからなかったので、インターネットの栽培法を調べ、愛好会の人に話をききました。

しかし、話の中に和名と学名と通称が交互に使われるため、何が何だかよくわからなくなってしまいました。学名も似たものが多いので混乱を招きます。

混乱ついでに手元にある植物も何であるかがわからなくなってしまうことがありました。

例えば、D.ビナタにしても、葉の分かれ方によって二又に分かれていれば、サスマタモウセンゴケと呼ばれ、四又に分かれていれば、ヨツマタモウセンゴケ、八又に分かれていれば、ヤツマタモウセンゴケと呼ばれ、1つの学名に対し複数の和名があるなど、混乱必至です。

「コレは何ですか。アレは何ですか」

と聞いたり、調べているうちに、自分が鑑定しているのか栽培しているのかよくわからなくなってしまうことがありました。

混乱しやすいのと同時に、名前を知らなかったり、間違って覚えていると、趣味家の中にはフンと冷笑する方もいます。負けじと本を読んで一生懸命覚えたものの、生半可な知識を趣味家の人に話して、さらに冷笑される悪循環に陥ったこともありました。

　しかし、そんなことはどうでもいいように思います。そんなものはマニアのアレです。

　初めのうちは楽しく育てられればそれでいいと思います。

　D. フィリフォルミス（*D. filiformis*）と D. カペンシス（*D. capensis*）＝和名アフリカナガバモウセンゴケの名前を混同していたって（私のことです）、多くの食虫植物に触れるうちに覚えられます。

　モウセンゴケは難物も多いので、より多く名前を覚えるよりは、まずは普及種の基本的な栽培法を覚えてしまう方がいいと思います。

モウセンゴケの中に住む異形の者たち

　D. カペンシスを食虫植物愛好会主催の夢の島の即売会にて購入したときの話です。

　素焼きの鉢に植わっていて、赤く色づいて粘液が光り美しい一品でした。用土の水苔が緑色に変色していることだけが少し気になりましたが、植え替えもせず、自宅の庭に置いて腰水につけて栽培してみました。

　しばらくすると、葉が一枚一枚と少なくなっていきました。

　他の D. カペンシスの鉢は何の問題がないのにも拘わらず、その鉢だけは葉が減り、こんもりと盛られた用土が見えるように禿げていくのです。

　「おかしいな」

と思い、鉢を持ち上げてみると、鉢底からダンゴムシが大小合わせて5、6匹這い出てきました。ギャー、気持ち悪い。

鉢の横にはナメクジが這っていました。

奴らにモウセンゴケが食べられていたのです。食虫植物は虫を食べますが、虫に食べられることもよくあります。用土の中に虫が住んでいることもあり得るのです。

恐らく、水苔の中に虫の卵があって、孵化してしまったのでしょう。1つずつ手で取り除きましたが、その後にも、ゲジゲジやナメクジ、ダンゴムシが住み着くことがありました。古い用土と虫害には要注意です。

葉挿し初挑戦

食虫植物の殖やし方の1つに「葉挿し」があります。「挿し木」の一種で、モウセンゴケやムシトリスミレなどが「葉挿し」で簡単に殖やすことが出来ます。捕虫葉を適当な大きさにカットし、カットした葉を腺毛と粘液がある側を表にし、よく湿った水苔に並べて置くだけで発芽し、発根します。スゴイ。アメーバのような増殖方法ではありませんか。

この生命力と繁殖力は、食虫植物の魅力の1つである。

「葉挿し」という単語すら知らなかった私は、食虫植物の愛好家に方法を聞いて、まずムシトリスミレ（P. プリムリフロラ）で早速試してみることにしました。

それに成功し、気を良くし、これで食虫植物を増殖できるぞという皮算用が相まって、興味津々でD. アデラエで行ってみました。

葉挿しを行った約2週間後くらいに、5cm程に切ったD. アデラエ

の葉から、10個程の薄黄緑色の芽のようなものが出てきて、あまりにもムシトリスミレの葉からの発芽と違い、成功したのか失敗したのか初体験の私には判断つきませんでした。
　葉の表面いっぱいに丸っこい葉をゾロゾロと吹き出したD.アデラエはもうD.アデラエではないようで、
「何だか別の植物になってしまった。やはり、葉から殖えていくなんて夢だったんだ」
　と思いましたが、実はそれが正解で、D.アデラエの成株の葉と幼苗の葉の形は違うのです。しかも、1つの葉から無数に出てきます。
　モウセンゴケは丈夫な種類は葉挿しで殖えやすく、お望みならば、どんどん殖やすことができます。それゆえ、マニアには駄物扱いされている種もありますが、私は丈夫なものが好きです。
　たくさん殖やして、友人にプレゼントすれば、食虫植物布教活動の一端を担うことができるでしょう。

星野の教訓

　モウセンゴケは繁殖しやすい一方で、鉢を近くに置くと混ざりやすいということがあります。隣の鉢から生えてきたという話をよく聞きます。ミミカキグサ類も他の鉢と混ざりやすく、育てているうちに、各種モウセンゴケと各種ミミカキグサが入り混じり、これ何育ててたんだったっけ？　という事態が起こりうるのでご注意を。

実生初体験

　食虫植物の栽培を始めた頃に、D. カペンシスの種子を食虫植物愛好会の会員から譲ってもらいました。種を貰ったからには蒔きたくなるのが人情というものです。

　種から育てた植物といえば、アサガオやひまわりくらいしか思いつきませんが、食虫植物を種から育てることに興味があったので、とりあえずやってみました。

　種から育てることを実生栽培といいますが、私は「実生」を長いこと、「じっせい」と読んでいました。正しくは「みしょう」です。

　園芸用語は日常会話には滅多に登場しないので、知らなければわからないことでありますが、正しく読めた方が良いに決まっています。

　以前、「しゅくね、しゅくね」と話していた人がいて、何のことだろうと思ったら「宿根（しゅっこん）」のことだと後からわかったことがあったのですが、人のことは笑えないものです。

　食虫植物愛好会の集会で「冬芽（ふゆめ）」のことも「とうが」と読み間違えてしまったことがあって、「冬芽（ふゆめ）と読むんだよ」と正してくれた方の引きつった笑顔をいまでも忘れることができません。

　植物栽培の正しい用語も知らないで、なぜ植物マニアの集いに居るのだろう、とその方は思ったことでしょう。

　オタクの集いで、「2 ちゃんねるって CS 放送の何かですか」と質問しているようなものです。

　話を戻して、実生初体験をするに当たって、「水」、「空気」、「適当な温度」があれば種子は発芽するはずだと思い、用土にたっぷりと水分を含ませ、腰水をし、種を蒔きました。D. カペンシスの種子は細

かく、粉のようでしたが、何とか蒔くことができました。
　二週間後に鉢から若葉のようなものが生えてきたので
「ヤッタ、成功した」
と思い、喜び勇んで見守り続けました。
　若葉のようなものは急成長を遂げ、見る見るうちに、大きくイネのような形に……。この時点で微かな疑問が胸の奥にありましたが、あえてしまっておきました。とりあえず、もしかしたら、このイネのような植物がD.カペンシスの形状に成長するのではないかとの希望に賭け、発芽したものを食虫植物愛好会の人に見てもらいました。
　私が持って行った鉢を見て、
「これは雑草だね」
と、にべもないお言葉。
　そうですね、何となく気付いてはいたんです。
　その後、雑草は抜いても抜いても生い茂り、D.カペンシスの種子が発芽することはありませんでした。
　D.カペンシスの発芽率は悪いに違いない！
　（※通常、D.カペンシスの発芽率は非常に高いです……）

モウセンゴケの育て方

入手方法

　ホームセンター、食虫植物及び種苗を扱う園芸店などで入手することができます。価格は500〜1,500円くらいです。

　モウセンゴケは種類によって栽培方法が全く異なります。

　初心者向けオススメの栽培種は、

- D. カペンシス（*D. capensis*）　和名アフリカナガバモウセンゴケ
- D. スパトゥラタ（*D. spatulata*）　和名コモウセンゴケ
- D. ビナタ（*D. binata*）　和名サスマタモウセンゴケ・ヨツマタモウセンゴケ・ヤツマタモウセンゴケ
- D. アデラエ（*D. adelae*）　和名ツルギバモウセンゴケ
- D. アリシアエ（*D. aliciae*）
- D. ハミルトニー（*D. hamiltonii*）
- D. トウカイエンシス（*D. tokaiensis*）　和名トウカイコモウセンゴケ

　上記のものはこの項で紹介する栽培方法で育てられます。

用意するもの

- 用土：水苔、生水苔、ピート＋鹿沼土＋富士砂＋軽石（小）、鹿沼土＋富士砂＋軽石（小）の用土が適しています。
- 容器：素焼きの鉢、駄温鉢、プラスチックの鉢、根が長く伸びるものが多いので蘭用の長鉢に植えても調子がよいです。

風よけと真夏の断熱に、発泡スチロールのケースか衣装ケースを用意し、その中に入れると調子が良くなります。

育て方
●置く場所
　直射日光が当たらず（葉焼けするため）、なおかつ陽当たりの良い屋外に置きましょう。
●灌水
　モウセンゴケは基本的に水を好むので、鉢の上からの灌水と腰水（底面灌水）を行いますが、鉢の底から3cmほどの深さの腰水をし、常に水が張っている状態にします。夏場は水の減りが早いので、上からの灌水をし、腰水を切らさないようにします。腰水をする際には、根腐れを起こさないように、たまった腰水を捨て、時折上から灌水し、鉢内をきれいにしましょう。
●冬の管理
　冬場はハエトリソウと同じく地上部が枯れます。地上部は枯れてしまっても、地下茎は生きていて、春頃に気温が上がってくれば再び芽吹きます。霜や雪に当てないように屋外で越冬させます。水枯れしないように、灌水を忘れないようすることが肝要です。
●モウセンゴケの花
　上記の種類のモウセンゴケは初夏に開花し、可憐で小さな花を咲かせます（カラー口絵参照）。
　ただし、結実させると株が弱ります。

モウセンゴケを殖やそう (p.84 図解参照)
　「葉挿し初挑戦」で紹介しましたが、食虫植物の殖やし方の1つに「葉

モウセンゴケの葉挿し

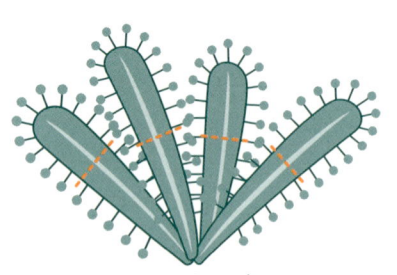

挿すための葉を根元から外します。
葉が大きい場合はカットしてね

ネバネバした面を上に

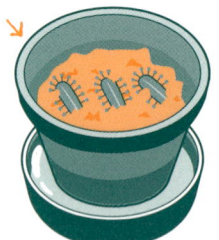

たっぷりと水分を含んだ水苔の上に葉を並べます。

1枚につき3〜5株発芽します。

湿度を保つために、ケースで蓋をするのも良いでしょう。（空気孔をあけてね）

葉が乾燥しないように注意してネ。

してネ

挿し」があります。

「挿し木」の一種で、モウセンゴケやムシトリスミレに関しては「葉挿し」で殖やすことができます。

モウセンゴケの葉挿しには、株の小さなものは葉を一番根元の部分からきれいに外し、大きいものであれば捕虫葉を適当な大きさ（5cmから10cmくらい）にカットし、葉の腺毛と粘液がある側を表にし、よく湿った水苔に並べて置くと発芽し、発根します。

葉挿しの葉が乾燥してしまうと、発芽しないので、用土の水苔は水が浸っているくらいに湿らせると良いようです。発芽するとやがて幼苗を経て、成株になります。

葉挿しの導入としては、D. アデラエのような、発芽しやすい種類をオススメします。

⚠️ 用土をつねに湿った状態にするので、根腐れを起こさないように、用土が傷んできたら植え替えましょう。

虫害・病気

アブラムシ、イモムシ類、ハダニ、ナメクジ・カタツムリなどの虫害に遭うことがあります。虫を見つけ次第、ピンセットなどで摘み、捕殺しましょう。アブラムシには水没法（P.32 用語解説参照）で駆除しましょう。また、用土の腐敗などから根腐れを起こすことがあります。用土が傷む前に植え替えましょう。

魔性の食虫花
ムシトリスミレ

P. ギブシコラ

P. ×ヴェーザー

P. プリムリフロラ不定芽

レンティブラリア科／ピンギキュラ属
英　　名：Butterwort
学　　名：*Pinguicula* spp.
栽培難易度：★★☆☆☆

　ムシトリスミレは、スミレと名が付いていますが、スミレ科ではなくレンティブラリア科（タヌキモ科）の植物です。花がスミレに似ていることから、ムシトリスミレと呼ばれます。

　学名をピンギキュラ、英名をバターワートといいます。種名（学名）は基本的に「ピンギキュラ・○○○」とされます。（本書ではP.と略しています）1属において、約80種類あります。世界中に広く分布し、主にアジア、ヨーロッパ、アメリカ大陸に自生しています。日本にも、P.ラモサ（*P. ramosa*）＝和名コウシンソウ、P.マクロセラス（*P. macroceras*）＝和名ムシトリスミレが自生しています。P.ラモサ（コウシンソウ）は庚申山に自生する日本固有種であり、自生地は天然記念物に指定されています。

捕虫の仕組み

とりもち式

有柄腺
(粘液)

花

茎

無柄腺
(消化液を分泌)

虫が腺毛の上に
とまると

→

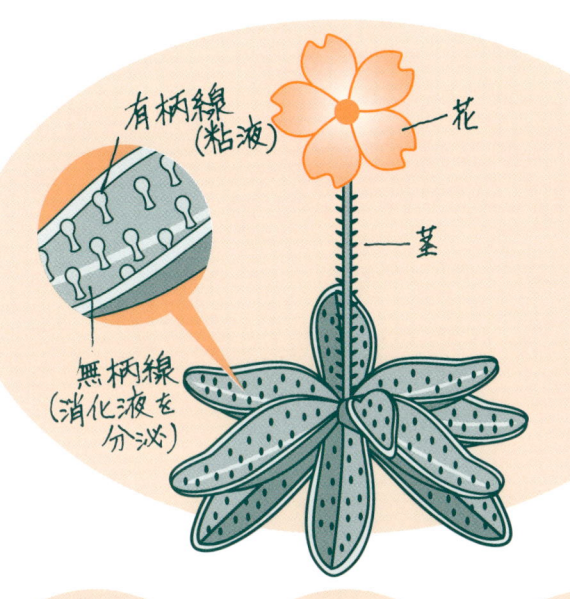

捕虫葉の両縁が虫を
巻きこみ、お椀のような
形になり、無柄腺から
消化液を出し、消化・吸収
します。

ムシトリスミレ奮闘記

初めてのムシトリスミレ

　ムシトリスミレは学名をピンギキュラといい、愛好家には略して「ピンギ」と呼ばれるています。
　「ピンギ」といえば、「食虫植物 FAQ 日本語版」にて、ICPS（国際食虫植物協会）の Barry Rice 博士が次のように書いています。

　　　他の愛好家達と話しをするときは、ピンギキュラのことを、ピンギと呼んで下さい。クールな印象を与え、その場にうまく溶けこめます

　不覚にも笑ってしまいました。
　クールでスタイリッシュな印象を与えるかどうかは疑問ですが、確かにマニアな人たちは「ピンギ」と呼びます。そう呼ぶことでマニアに馴染めることでしょう。だからどう、ということもないのですが、ピンギキュラもピンギも、すべてムシトリスミレの名称だと記憶の片隅に置いて下されば幸いです。
　私が初めてムシトリスミレに出会ったのは JCPS（日本食虫植物愛好会）主催の「ムシトリスミレ講習会」でした。
　JCPS の主宰者田辺さんによって、夢の島熱帯植物園でムシトリスミ

レの解説と植え替え教室を行うという、食虫植物マニアやちびっ子にはたまらないイベントなのですが、知らない人からすれば、そんなマニアックなイベントがあること自体驚きだと思われます。

　イベントは二部構成になっていて、一部が「P. プリムリフロラ（*P. primuriflora*）について」、二部が「メキシカンピンギの交配種について」でした。

　ハエトリソウ、ウツボカズラ、サラセニアを育て始めていた私は食虫植物なるものに興味津々で、二部の「ムシトリスミレ講習会」の最前列に陣取りました。

　メキシカンピンギという名前に惹かれたのです。

　私の頭の中にはまだ食虫植物は熱帯のジャングルに生えているような植物というイメージがあったので、

　「メキシコに食虫植物が生えるの？」

　と疑問に思い、余計に興味を感じたのだと思います。

　「ムシトリスミレ講習会」では、参加者の１人ひとりにメキシカンピンギの交配種が配られ、私が手にしたのは P. × 'ヴェーザー' とギプシコラ（*P.* × 'Weser' × *gypsicola*）の交配種でした。なんのこっちゃ、です。もちろん、手にした私が、「これは P. × 'ヴェーザー' と P. ギプシコラの交配種だな」とわかるはずもなく、手書きの名札にそう書いてありました。植物の学名は通常ラテン語で記されるのですが、ラテン語の心得があるわけでもなく、

　「ピン……ウェ……ジュプッ……読めない」（結局帰った後に調べてみました）

　手元に配られたムシトリスミレの植え替えを、主宰者の田辺さんの指導の下に行い、日頃の管理に対する注意点や解説を聞きました。

　ムシトリスミレは見た目が食虫植物らしくなく、まるで山野草のよ

うな可憐な出で立ちです。講習会で初めてムシトリスミレの花の美しさを知り、花で捕虫するのではなく、葉で捕虫することも知りました。

　講習会の帰りに併設されていた即売会でP.プリムリフロラを買いました。これが私のムシトリスミレ栽培のスタート地点になったのです。

ムシトリスミレはいつも居候

　P.プリムリフロラを手に入れた際に、食虫植物を一気に増やしてしまったため、わが家には、もう鉢を置けるスペースがないことに気が付きました。

　猫の額のようなスペースに食虫植物を置いているので、あれもこれも置けるわけではありません。

　そこで、P.プリムリフロラを他の鉢に同居させようと考えました。我ながら良いアイディアだと思ったものです。

　P.プリムリフロラの必要な水遣りの頻度や用土のことはまるで考えておらず、ウツボカズラ（N.トルンカータ）の鉢に同居させました。

　ウツボカズラは用土の過湿を好まず、P.プリムリフロラは水浸しを好むという矛盾した状況を一鉢の中に作ってしまったのですが、それ

に気が付かずウツボカズラごと水遣りをたっぷり行いました。

　ウツボカズラの葉が日陰を作り、P. プリムリフロラには割と良い環境だったようで育ちました。余り考えずに行ったことですが、功を奏したようでした。

　しかし、このアイディアには欠点があったのです。

　P. プリムリフロラの状態が良く、不定芽を出し、殖えていくことによって、ウツボカズラの鉢がいっぱいになってしまったのです。

　これは困ったと思い、今度は大鉢（6号鉢）であったサラセニア（S. レウコフィラ）の鉢に同居させました。今思えば、P. プリムリフロラはいつも肩身の狭い居候ばかりで可哀相なことをしたと思います。

　移動を繰り返した時期というのが夏場ということもあって、P. プリムリフロラは一時期サラセニアの鉢で弱り、葉の端はやや黒く変色し、粘液が減り、少し萎びた感じになりました。

　ところが、そこから2〜3週間で持ち直し、粘液を増やし、葉が張りつめた感じになりました。

　しかし、無理がたたったのでしょうか。無理をさせた張本人が言うのも何ですが、段々と葉が萎び、冬場にお亡くなりになりました。

メキシカンピンギが溶ける！

　メキシカンピンギとは、メキシコ産熱帯高山性のムシトリスミレのことですが、これを育てるにあたって、植物には水をたっぷり遣るという固定概念をひっくり返さなくてはなりません。

　「ムシトリスミレ講習会」でP. ヴェーザー×ギプシコラを手に入れた後、P. モクテスマエ（*P. moctezumae*）、P. エセリアナ（*P. esseriana*）を手に入れました。

そして全部枯らしました。

原因は日光に当てすぎたことと、水を遣りすぎたことだと思います。

乾燥気味に育てるのがよいと聞いてはいるものの、「植物は水が好き」という固定概念に突き動かされて、ついつい水を遣ってしまったのです。

人間、この固定概念というものが、クセモノです。

多肉植物を育てている方はピンとくると思いますが、水遣りは行うけれど、用土を過湿にしてはいけないのです。乾燥気味に育てるとはいうものの、植物なのだから水は必要だろうと思い、水遣りを続けるうちに、葉が黒く変色し、溶けて無くなってしまいました。

水の遣りすぎが悪いのだなと思い、残ったP.モクテスマエに水遣りしないように隅の方に除けて置いたところ、存在をすっかり忘れてしまい、気が付けば萎びていました。

慌てて水遣りをたっぷりしたところ、腐って枯れました。無念でした。

失敗にめげず、P.エセリアナをその後何度か購入しましたが、比較的栽培難易度が低いのにも拘わらず枯らしました。原因はやはり水遣りです。失敗にめげないことは大切ですが、活かされなければ意味がありません。

星野の教訓

　水を遣りすぎず、遣らなさすぎず、という頃合いを自分で見つけるのがメキシカンピンギ栽培において大事だと思います。枯らすうちに、乾燥気味に育てるという頃合いが肌でわかり、何とか維持できるようになりました。

ムシトリスミレの育て方

入手方法

　ホームセンター、食虫植物及び種苗を扱う園芸店などで入手することができます。

　ムシトリスミレは自生する環境によって、栽培方法も異なります。

　日本産、ヨーロッパ産温帯高山性（寒地性）、南米産の熱帯高山性に関しては栽培難易度が高く、冷却装置などの特別な設備を必要とするために割愛し、本書では北アメリカ産温帯低地性（アメリカンピンギ）、メキシコ産熱帯高山性（メキシカンピンギ）の2つの栽培方法をご紹介します。

　アメリカンピンギは地生種[1]で、湿った環境を好み、メキシカンピンギは着生種[2]で、乾いた環境を好むものが多いです。
見た目は似ていますが、同じ育て方では育ちません。

アメリカンピンギ	メキシカンピンギ
初心者向けの種類	初心者向けの種類
P. プリムリフロラ（*P. primuriflora*）	P. シクロセクタ（*P. cyclosecta*）
P. プラニフォリア（*P. planifolia*）	P. エセリアナ（*P. esseriana*）
P. ルシタニカ（*P. lusitanica*）[3]	P. エーレルサエ（*P. ehlersae*）
P. シャーピー（*P. sharpii*）[3]	P. ×'ゼートス'（*P.* ×'Sethos'）
	P. ×'ヴェーザー'（*P.* ×'Weser'）

※1　地に根を張って育つ種類
※2　岩や樹木に付着して育つ種類
※3　一年草。種でよく殖えます

アメリカンピンギ編

入手方法
　ホームセンター、食虫植物及び種苗を扱う園芸店などで入手することができます。価格は500円〜1,500円くらいです。

用意するもの
- **用土**：水苔、生水苔、鹿沼土＋軽石（小）＋富士砂＋バーミキュライト＋パーライト
- **容器**：素焼きの鉢、プラスチックの鉢が適しています。

　空中湿度を上げるために発泡スチロールのケースか衣装ケースを用意し、その中に鉢を入れると調子が良くなります。

育て方
●置く場所
　半日陰の場所に置きましょう（屋外、屋内に拘わらず育ちます）。日当たりが強すぎると葉焼けしてしまいます。夏場は直射日光が当たらないようにし、遮光すると良いでしょう。

●灌水
　アメリカンピンギは水を好みます。乾燥して、水枯れしないように気を付けなくてはなりません。上からの灌水と腰水を行いますが、鉢の底から深く腰水をします。夏場は水の減りが早いので、上からの灌水をし、腰水を切らさないようにします。根腐れを起こさないようにたまった腰水を捨て、時折上から灌水し、鉢内をきれいにしましょう。

●冬の管理
　アメリカンピンギは冬芽を作らないため、冬場も生育を続けます。

そのため、屋外栽培の場合には外気温が10℃を切った時点で屋内に移動した方が良いでしょう。屋外に置いたままでも枯れてしまうことはありませんが株が弱ります。冬の間も灌水を忘れずに。

アメリカンピンギを殖やそう！
　P. プリムリフロラは葉先に不定芽を作る特徴があり、葉先から自然に殖えていきます。環境があって調子がよいとどんどん殖えていきます。雑草並の強い繁殖力を持っています。

メキシカンピンギ編

入手方法
　ホームセンター、食虫植物及び種苗を扱う園芸店などで入手することができます。

用意するもの
- **用土**：水苔、生水苔、鹿沼土＋軽石（小）＋富士砂＋バーミキュライト＋パーライト、水苔＋砂利系
- **容器**：素焼きの鉢、駄温鉢、プラスチックの鉢が適しています。鉢は特に拘らなくても大丈夫です。

育て方
- **置く場所**

　半日陰の場所に置きましょう（屋外、屋内に拘わらず育ちます）。日当たりが強すぎると葉焼けしてしまいます。夏場は直射日光が当たらないようにし、遮光すると良いでしょう。また雨水がかかると用土

が過湿になってしまうので、雨水の当たらない場所に置きましょう。

●灌水

アメリカンピンギに比べ乾燥気味に育てます。用土はやや湿っているくらいにし、腰水は行いません。灌水は夜間に行い、葉に直接かけず、用土にかけるようにします（過湿に弱いために、葉にかけると腐る原因になります）。

●冬の管理

冬期には冬芽を形成します。冬芽を形成する晩秋～春にかけては用土を乾燥させます。用土の状態をカラカラに乾燥している状態～ほんのり湿っている状態の中間になるように水遣りしましょう。3日に1度ほんの少し水遣りする程度にします。

メキシカンピンギを殖やそう！ (P.97 図解参照)

メキシカンピンギは葉挿しで殖やすことが適しており、冬芽になったら葉を1枚1枚はずし、水苔に並べておけば、1ヶ月弱ではずした葉から芽が出てきます。バラバラにした数だけ株ができるので、沢山殖やすことができます。

⚠ メキシカンピンギを雨の当たるところに置かないようにして下さい。雨水で用土が過湿になってしまうことがあります。

虫害・病気

アブラムシ、イモムシ類、カタツムリ・ナメクジなどの虫害に遭います。虫を見つけ次第、ピンセットなどで捕殺しましょう。アブラムシは水没法（P.32 用語解説参照）で駆除しましょう。ただし、メキシカンピンギは水没できないのでご注意を。また、用土の腐敗から根腐れを起こすことがあります。栽培環境を見直し、用土が傷む前に植え替えましょう。

ムシトリスメレの葉挿し

冬芽になる時期に行いましょう。

メキシカンピンギは冬芽になると、うろこ状に小さくまとまります。

用土はほんのり湿っている程度で

冬芽になった葉を手で優しく何枚か外します。

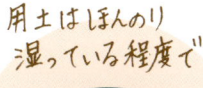

水苔の上に葉を並べます。

約1ヶ月で発芽します。

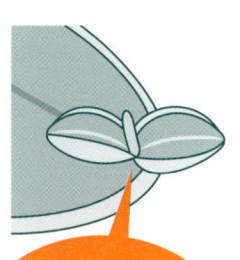

P.プリムリフロラは葉の先に不定芽をつくって、殖えます。

殖えて鉢がいっぱいになったら…

手で優しく株を分け

1つ1つ植えましょう。

見えざる罠
ミミカキグサ

U. サンダーソニー

レンティブラリア科／ウトリクラリア属
英　　名：Bladderworts
学　　名：*Utricularia* spp.
栽培難易度：★★☆☆☆

　ミミカキグサ（耳掻き草）は、学名をウトリクラリアといい、種名（学名）は基本的に「ウトリクラリア・◯◯◯」とされます（本書ではU.と略しています）。ウトリクラリア属には水生のものと、陸生（主に湿地）・着生のものがあり、陸生・着生のものをミミカキグサ類と呼びます。温帯から熱帯にかけて広く分布し、日本においても、ミミカキグサ（*U. bifida*）、ムラサキミミカキグサ（*U. uliginosa*）、ホザキノミミカキグサ（*U. caerulea*）、ヒメミミカキグサ（*U. minutissima*）などが自生しています。小さく可憐な花と多くの花茎があがることが特徴です。花後のガクの形が耳掻きに似ていることからミミカキグサという名前が付けられました。

捕虫の仕組み 〈吸い込み式〉

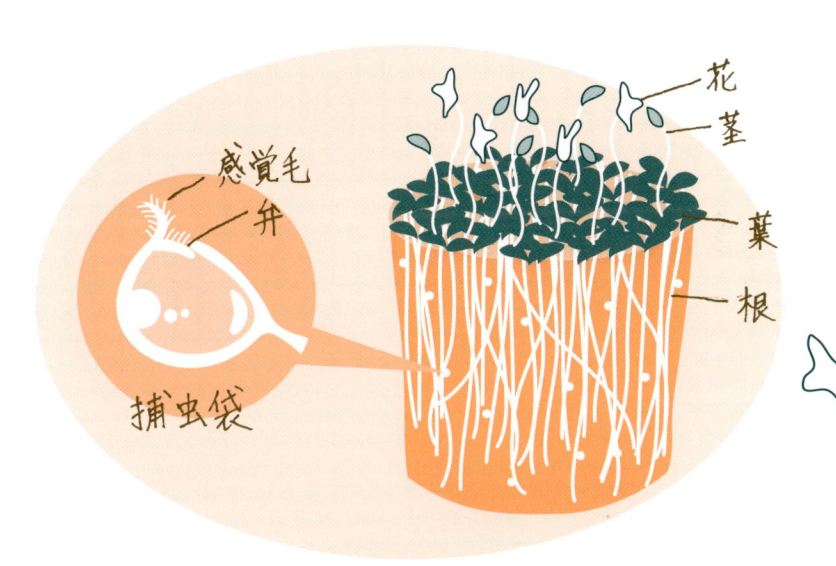

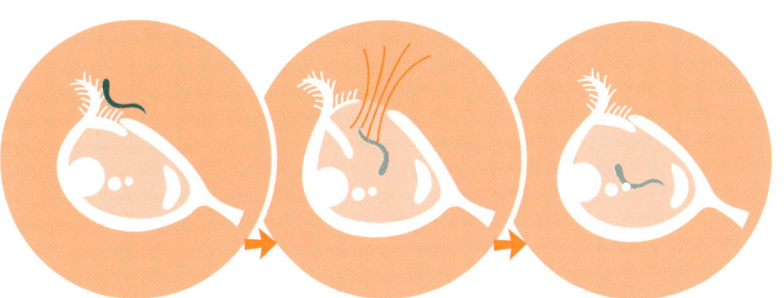

- 感覚毛
- 弁
- 捕虫袋
- 花
- 茎
- 葉
- 根

地中にある捕虫袋の感覚毛に虫が触ると

弁が内側に開きスポイト式で虫を捕えます。

弁が閉じ捕えた虫を消化・吸収します。

ミミカキグサ奮闘記

ミミカキグサ栽培歴は恥と失敗の歴史

　私が初めて手にしたミミカキグサはU. リビダ（*U. livida*）でした。夏に市場に出回る「15鉢入りの食虫植物キット」を一挙オトナ買いした際に入っていたものです。

　U. リビダは白く小さな花が多く咲くのが特徴で、本当にこれも食虫植物なのだろうか、と思うほどに、山野草のような可憐で愛らしい姿をしています。

　正直なことを言えば、外見が可憐すぎるために、マニア心があまりそそられず、食指が伸びませんでした。

　しかし、手元にあるミミカキグサの栽培してみると、その奇妙な生態が案外に面白く、次第にミミカキグサの魅力に取り憑かれていきました。

　私のミミカキグサ栽培歴は例のごとく恥と失敗の歴史でもあります。

　ところで、植物を育てる人は、私のように恥をかいたり失敗をしたりするものなのでしょうか。植物栽培歴が恥と失敗の歴史ではなく、自分の人生が恥と失敗の歴史ではないかと心配になってきました。

　それはさておき、ミミカキグサの栽培における失敗談をご紹介したいと思います。

ミミカキグサは花から虫を食べる?

　私は食虫植物栽培を始めた当初から、栽培記録として、ブログに食虫植物の様子を記していました。

　ミミカキグサを初めて手にした私は得意満面に拙ブログで、ミミカキグサの花の画像つきで次のように解説文を書きました（何かの知識を得るとすぐに、得意満面に半可通な知識を披露するのが、私の悪いクセでもあります）。

　「ミミカキグサは、吸い込み式の食虫植物で可憐な白い花の部分からコバエや小さい虫を吸い取るのだ」

　何たる知ったかぶり！

　そして、花から捕虫している瞬間を見たかのような自信満々の解説。

　これは、食虫植物を少しでも知っている人ならば大笑いしてしまうような間違いです。

　ミミカキグサは花の部分から捕虫することはできません。地下茎に透明な袋状の捕虫嚢を持ち、プランクトンを捕虫します。

　ゆえに、ミミカキグサはハエトリソウやサラセニアなどの他の食虫植物と違い、捕虫の瞬間を見ることができません。

　私の頭の中で、ミミカキグサは花から捕虫していたのでしょうが、なぜそう思い込んでいたのか、いまとなっては謎です。

　案の定、ブログを見た方から、「ミミカキグサは花の部分から捕虫するのではなく、根の部分に袋をつけてプランクトンなどを吸収します」と、すぐに訂正のご指摘を頂きました。

　「花が捕虫するところ、見てみたいです（笑）」という感想付きで。

　指摘した方の本音としては（笑）ではなく、間違いなく（失笑）で

しょう。穴があったら入りたいです。そして誰か埋めて下さい。

食虫植物も食虫植物愛好家の世界も奥が深いですね。何が言いたいかと申しますと、でたらめなことを書いてはいけないということです。

こんにちは、ミミカキグサの専門家です。

実は私、2007年4月放映のタモリ倶楽部に食虫植物マニアとして出演させて頂きました。しかも、「ミミカキグサの専門家」として。

スイマセン、そんな大それたものではないんです。

その頃、ミミカキグサが夢に出てくるほど、ミミカキグサに惑溺していた私ではありますが、もちろんミミカキグサの専門家でも大家でもありません。どちらかといえば、枯らす方が上手なくらいです。

とりあえず、番組のために、自宅で栽培していたU.リビダ、U.サンダーソニーを持参し、ミミカキグサの解説をしました。緊張の余り卒倒したり、変な言葉を口走ってしまうのではないかと不安になりつつも、何とか解説することができました。

私がミミカキグサの大家でないことは食虫植物栽培仲間の間では周知の事実なので、放映後に、

「ミミカキグサの大家だからね」

と、愛情たっぷりに嘲笑されたのは言うまでもありません。

水浸しの栽培で花茎が折れる

いまでこそ違う栽培方法をとっていますが、初めてU.リビダを手にしたときに、ミミカキグサの栽培方法がよくわからなかったので、買ってきた鉢と用土のまま、特別腰水などもせず、用土が乾いたら水

遣りをする、ということを何となく行っていました。
　そのうちに、花が 1 本無くなり、もう 1 本無くなり、手に入れたときに鉢から伸びていた花茎が消滅していき、葉っぱだけになってしまいました。
　このままではミミカキグサでは無くなってしまうと思い、図鑑やインターネットで調べたところ、わかったことは
　　・ミミカキグサは沼地のような湿地帯に自生する
　　・ミミカキグサは水を好む
ということでした。
　「つまり、自宅の栽培環境を自生地の沼地のようにすれば、ミミカキグサも元気になるのでは？」と思い、水浸しに栽培することを思いついたのです。
　我ながら良いアイディアを思いついたと思ったものです（こればっかり）。
　高さ 5 cm ほど、幅 30cm ほどの食器のような幅広の鉢を用意し、水が漏れないように鉢の底を塞ぎ、鉢の中に水をなみなみと注ぎました。そしてその中央に瀕死の U. リビダを沈めました。
　鉢の中を沼地のようにしてみたのです。
　アイディア自体は悪くはなかったのでしょうか。しばらく経つと、花茎が 1 本、2 本と再び上がってきました。私は自生地の写真で見たミミカキグサの群生が自宅でも再現されるのではないかと思い、胸が高まりました。
　しかし、数多く生えることはなく、なぜか生えた 2、3 本の丈がどんどん高くなりました。量より質だと気持ちを切り替えて、成長を見守りました。また数日経つと、どんどんと高くなった花茎が、20cm ほどになったのでしょうか、自身の重みに耐えきれず、途中からポッ

キリ折れてしまったのです。しまいには全部折れてしまいました。
　良かったのか悪かったのかよくわかりかねるのですが、それ以来花茎は上がらなくなり、水苔を鉢に沈めているだけになってしまいました。この無念はいかばかりか。
　ミミカキグサが生きているのか死んでいるのかわからない、水浸しの得体の知れない鉢を、屋外に置いておくのも何やら気恥ずかしく、次第に隅へ隅へと追いやり、なかったことにしてしまいました。

やっちまったな…

ミミカキグサの育て方

入手方法
　山野草、食虫植物を扱う園芸店、ホームセンターで入手することができます。価格は500〜1,500円くらいです。
　初心者向けに、オススメの品種
- U. ビフィダ（*U. bifida*）
- U. リビダ（*U. livida*）
- U. ディコトマ（*U. dichotoma*）
- U. サンダーソニー（*U. sandersonii*）

用意するもの
- 用土：水苔、山野草の土が適しています。
- 容器：素焼きの鉢、駄温鉢、プラスチックの鉢が適しています。

育て方
●置く場所
　春から秋まで陽当たりの良い屋外に置きます。夏場は特に直射日光が当たる場所は避けましょう。

●灌水
　ミミカキグサは水を好むので、水枯れしないように気を付けましょう。灌水と腰水を必ず行いますが、鉢に対して深い腰水をし、常に水が張っている状態にします。夏場は水の減りが早いので、減ったら足すようにします。

ミミカキグサの株分け

1. 乾燥水苔をバケツなどの容器に入れて水で戻します。

2. ポットから出し、葉と根が傷まないように、手で用土から外します。

3. 手で優しく株を分けます。

4. 分けた株を新しい水苔の上にのせます。

5. 用土と株がなじむように、灌水します。

6. 葉が鉢いっぱいに生えたら、花芽が上がってきます。

●冬場の管理

　外気温が15℃以下になったら、ミミカキグサを陽当たりの良い室内に移しましょう。陽の当たる窓際に置くのが良いでしょう。出窓があれば、出窓に置くのがベターです。

ミミカキグサを殖やそう！ (p.106 図解参照)

　鉢を4つ用意します。鉢底に軽石を敷き、その上に水苔を敷き、霧吹きで湿らせておきます。

　ミミカキグサの株を、カップのアイスクリームを分割するようにザックリ4分割します。分割した株の1つを、湿らせた用土の上に置くように植えます。これを繰り返し、植え付けは完了です。

　後は通常の栽培通りに腰水と灌水を行えば、用土の表面いっぱいに敷き詰められるように葉っぱが生えた後、花茎が上がってきます。

　これで、1鉢のミミカキグサが4鉢に、4鉢のミミカキグサが16鉢に、ミミカキグサが無限増殖できることでしょう。

⚠️ 葉が密集させすぎないように、殖えてきたら株分けしましょう。

虫害・病気

イモムシ類などの虫害に遭います。見つけ次第、ピンセットなどで摘み、捕殺しましょう。

ウドンコ病　罹患した箇所を取り除き、換気をしましょう。
病気の予防には、栽培場を清潔にし、用土が傷む前に植え替えをしましょう。

水中に潜むハンター
ムジナモ

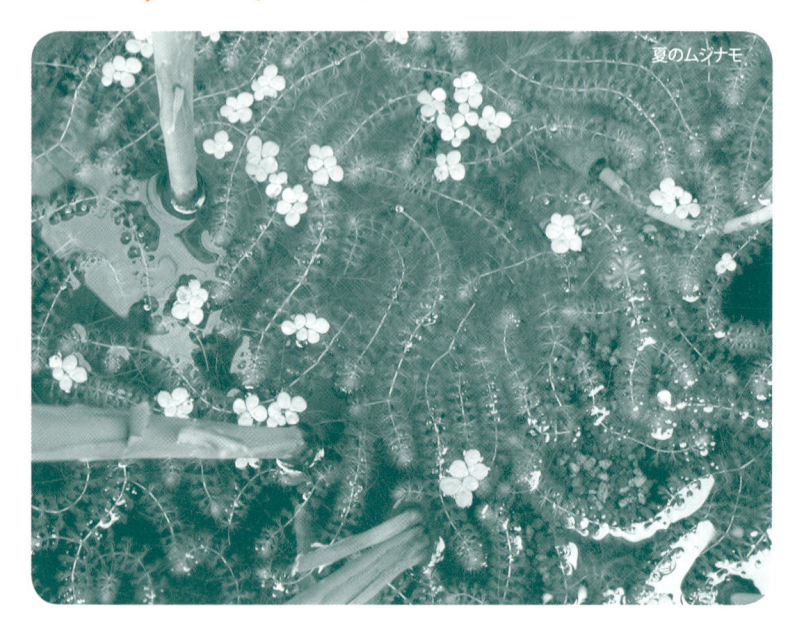

夏のムジナモ

ドロセラ科／アルドロヴァンダ属
英　　名：Waterwheel Plant
学　　名：*Aldrovanda vesiculosa*
栽培難易度：★★★☆☆

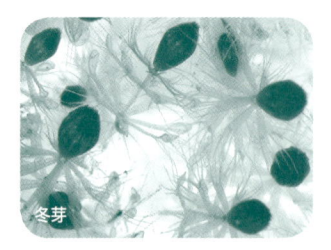

冬芽

　ムジナモは水に棲む食虫植物です。ハエトリソウのような二枚貝状の捕虫葉を持ち、捕虫葉が放射線上に円を描き、車輪のような形になっています。英名を直訳すると「水車草」です。
　和名の「ムジナモ」は、ムジナモの全体が狢（アナグマ）の尻尾に似ていることに由来し、ムジナモ（狢藻）と命名されました。命名したのは、植物学者である牧野富太郎博士です。明治23年、東京府小岩村伊予田(現在の東京都江戸川区北小岩)にて、牧野富太郎博士が柳の実を採集している時に、偶然用水池でムジナモを発見したというエピソードがあります。

捕虫の仕組み

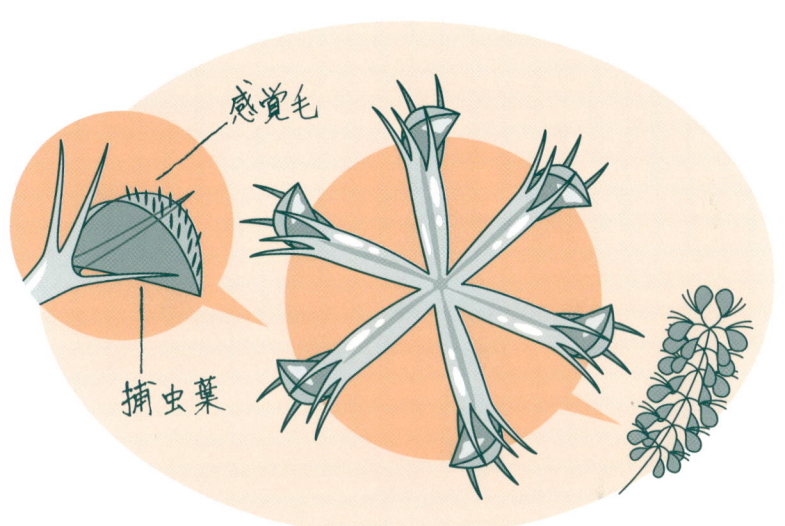

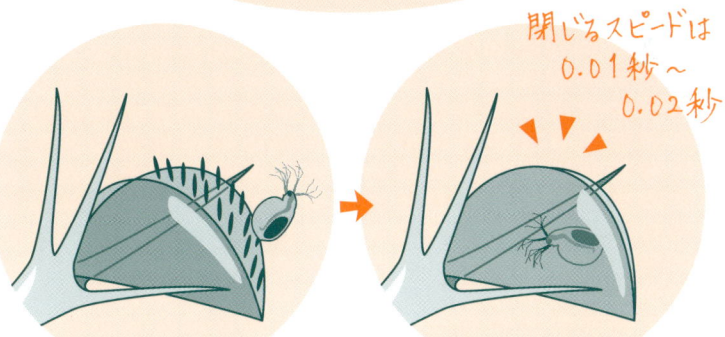

挟み込み式

感覚毛

捕虫嚢

閉じるスピードは
0.01秒～
0.02秒

水中にいる虫が
1度でも感覚毛に
触ると…

捕虫嚢が閉じ
中にいる虫を
消化・吸収します。

ムジナモ奮闘記

ムジナモって

　ムジナモはかつて広く世界中に自生し（インド・ベンガル地方、アフリカ南部・ボツアナ、オーストラリア北部、フランス、イタリア、ドイツ、ポーランド、旧ユーゴスラビア、ルーマニア、ウクライナ、コーカサス、シベリア南東部、中国北東部におよぶユーラシア大陸）日本においては、利根川、淀川、木曾川、信濃川に自生していましたが、農薬や水質汚染による環境悪化により、次第にその数を減らしていきました。

　ムジナモが絶滅の危機に瀕する中で、埼玉県羽生市宝蔵寺沼が日本最後の自生地として、国の天然記念物の指定を受けました。しかし、時既に遅く、指定を受けた年に台風や洪水被害によって、宝蔵寺沼のムジナモも全滅してしまいました。

　現在では、「ムジナモ保存会」が中心となり、宝蔵寺沼の水質改善、人工増殖させた株を放流する等の努力を続けることで、ムジナモの植生回復が試みられています。

　私とムジナモとの出会いは、食虫植物愛好会の夢の島の即売会で、一冊の冊子を手に取ったことからはじまります。

　タイトルは『ムジナモの栽培方法』（著者ぼよんばさん）でした。それは手作りの冊子で、ムジナモの栽培方法が写真付きで詳細に綴ら

れていました。

　私はこれを読み、ムジナモの存在を初めて知り、水に棲む食虫植物が存在することに興味を持ちました。そして、写真のムジナモの美しさに目を奪われました。

　淡い緑色で透き通り、えもいわれぬ美しさで、これが虫を食べるのかと思うと神秘的に感じたものです。

　ムジナモがどうしても欲しくなり、食虫植物愛好会の集会の種苗分譲で手に入れました。

　しかし、この美しい植物は繊細で弱かったのです。

　ムジナモは枯らしに枯らしました。栽培歴イコール枯らした歴です。枯らすたびに、ムジナモが可哀相で栽培をやめようかとも思いましたが、美しい姿をもう一度見たいがために挑戦し続けました。

　ムジナモは食虫植物の中でも難物と言われますが、温室のような特別な施設は必要とはしません。コツさえ掴めば育てることができます。皆様にも、ムジナモの美しさを知って頂きたいと思い、難物ではありますが、ご紹介に至った次第です。

ホテイアオイって何？

　憧れのムジナモを手に入れて、まずは『ムジナモの栽培方法』の通りに栽培することにしました。

　『ムジナモの栽培方法』の冊子には「ムジナモの栽培には水質調整のために抽水性の植物（アシ、ガマ、マコモ、フトイなど）と浮き草（ホテイアオイ、サンショウモ）が必要」と記されていたので、抽水性の植物と浮き草を揃えることにしました。それが無いと水質が調整できない旨が書いてありました。

水草を育てたことのない私は、「ホテイアオイって何？」という状態で、アシに至っては、「人間は考える葦である」というパスカルの言葉くらいしか思い浮かびません。ガマ、マコモ、フトイに至っては、さっぱりわかりません。ホテイアオイのイメージも湧かず、どこで買っていいのかわからずに、植物だろうからという理由だけで大型の園芸店に行きました。

　店員に「ホテイアオイというものを探しているのですが」
　とおっかなびっくり聞いてみると、
　「夏場だったらあるのですが、季節柄、もうお取り扱いしておりません」
　と言われました。
　季節は晩夏、秋の頃でした。
　いきなり目の前が暗くなりました。浮き草の取り扱いに季節があるなんて知らなかった。ということは、アシやガマもないのではないか、ムジナモは手元にあるのにどうしよう、と暗澹たる気分になってきました。
　しかし、店内を探してみると、あったのです。見切り品で萎れたヒメアシが。ヒメアシがアシの仲間であるのかわかりませんでしたが、アシと付けばいいやと思い買いました。我ながらいい加減な話です。
　水草や浮き草は花屋や園芸店よりもインターネットの通販やアクアショップの方が入手しやすいです。

ムジナモ死亡

　ムジナモの栽培を始めるのに当たって、置き場所に迷いました。わが家の植物の置き場は玄関先の猫の額ほどの土地です。睡蓮鉢は30

×30cm以上あるので、猫の額の土地に置くと、他の食虫植物を置けなくなってしまい、置き場所に困りました。

　そのため、はじめは玄関の中に置きました。するとわが家の猫たちが前足を突っ込んで水草で遊ぶのです。いつムジナモがすくい取られないか肝を冷やしました。また玄関だと陽当たりが悪く、ベテランの栽培家に「ムジナモは日光にたっぷり当てないと駄目だよ」とアドバイスされたので、屋外に移すことにしました。

　屋外に移すといっても、玄関先の土地は狭い。さてどうしたものかと暫し考え、

　「そうだ、玄関先の道路に水鉢を置こう。通行人も風流に思うに違いない」

　とよくわからない理屈を付けて、道端に置くことに決めました。

　我ながら良いアイディアを思いついたと思ったものです。

　道端に水鉢があるなんて風情があって良いものです。そう思い設置して、家の中に引っ込んだときにワー、キャー、と近所の子どもの大きな歓声と悲鳴と大きな水音が聞こえました。

　慌てて表に飛び出したときは、既に時は遅く、ムジナモの鉢は倒れ空になり、水は側溝に流れ出していました。

　ナンテコッタイ。ムジナモも一緒に側溝に流れいってしまったようです。危機管理として、道端に置かない方が良いようです。

ムジナモ消失

　ムジナモは水質の変化などで調子を崩すと、茶色く変色し溶けて無くなります。

　水換えをした次の日に、ムジナモが溶けてなくなってしまったとい

う話も聞きます。肥料や薬剤にも敏感で、水に少しでも入ってしまうと無くなってしまったりします。

　私は、ムジナモが枯れるときに、溶けてなくなるということを知らなかったので、いつものようにムジナモの鉢を覗いたときに、ムジナモが忽然と消失していた時に、何が何だか事態が把握できませんでした。そして、私の脳裏に浮かんだのが、水鉢をひっくり返された事件です。

　「誰か（近所の悪いお子様）がムジナモを持っていったに違いない！」

　心の内は穏やかならず、復讐するは我にあり、という心持ちでした。

　あの事件以来、宝物であるムジナモに悪戯されたら、と思うといてもたってもいられず、監視カメラを付けたい気持ちで堪らず疑心暗鬼と化していました。

　人は富を手にすると実に卑しくなるものなのです。

　この疑念は、人の手の届かない場所に鉢を移して、ムジナモが再び消失した時に氷解するのでありました。大人げないことです。

冬場に枯れ、春はアオミドロだらけに

　ムジナモは季節が変わると調子を崩す傾向にあるようです。季節ごとの対策があるのですが、私は秋の終わりによく枯らしました。冬芽にならず枯れてしまうのです。

　水道水を足すことを止めて、雨水をためて水遣りをしてみるなど、試行錯誤した末、どのように作用したのかはわかりませんが、環境が安定し、秋の終わりに枯れることはなくなりました。同じ水棲食虫植物のタヌキモと同居させることが環境を安定させた大きな一因のよう

にも思います。

　秋を越せるようになると、冬場に枯れるようになりました。

　水鉢の表面が凍って、ムジナモが巻き込まれてしまうのです。

　冬の朝に、ムジナモが氷漬けになっているのを見るたびに、叩き割って救出していたのですが、氷に巻き込まれるたびに目に見えて衰弱していきました。これは氷に巻き込まれない工夫が必要です。

　タヌキモを増やすことにしました。これが功を奏して、ムジナモは氷漬けになることを免れました。

　このほかに、ペットボトルに水とムジナモを入れて屋外で保管する方法もあります。越冬で駄目にしてしまうこともあるので、この方法も試してみて下さい。

　冬を越せるようになると、越冬した後の春、初夏に枯れるようになりました。

　ムジナモは枯れることの連続です。枯らすために育てているような気持ちにもなるものです。

　初夏はアオミドロが異常繁殖して、ムジナモに絡みつき、枯死させてしまうことが多いのです。

　暖かい日に、水が少なくなり、アオミドロが繁殖した場合、ムジナモはピンチです。暖かくなるにつれ、水鉢の水の量の減り方が早くなります。これは水が減ったら足し、アオミドロは手でこまめに取り除くしか方法がありません。アナログですが、仕方がありません。

　私も春の気持ちよい気候の日に、ムジナモの水鉢に手を突っ込み、アオミドロを取り除くことに精を出します。無心にアオミドロを取り除いていると童心に返ります。時折、近所の方が不審な眼差しで見つめてくることがありますが、気にしないことにしています。

ムジナモの育て方

入手方法
　食虫植物を扱う一部園芸店、アクアショップ、食虫植物愛好家団体の分譲等で入手可能です。ネット通販でも比較的入手しやすいです。価格は500～2,000円くらいです。

用意するもの
- **用土**：田土、赤玉土、無調整ピートモス、ビオソイル、睡蓮用土（肥料が入らないもの）が適しています。
- **容器**：陶器またはプラスチックの水鉢、水槽、衣装ケース。30×30cm以上ある方が望ましいです。
- **ムジナモの生育環境を整えるもの**：
　抽水植物（アシ、ガマ、マコモ、フトイなど）、浮き草（ホテイアオイ、サンショウモなど）、ブラックウォーター

育て方
- **置く場所**

　ムジナモは日光を好みます。陽当たりが良く、風通しの良い屋外に置きましょう。
- **灌水**

　鉢の水量が減ったら足すようにしましょう。初夏から真夏にかけて

アオミドロが増えやすく、水の減りが早いので、アオミドロを取り除き、水を足すようにしましょう。水が減ったら取り替えるようにしましょう。取り替える場合には、汲み置きの水を使うといいようです。

●**冬場の管理**

　ムジナモは11月ごろ、外気温が下がってくると冬芽を作ります。今まで狢の尻尾のようにふさふさとしていたのが縮まり、先の方が細筆のように小さく密集し、緑色が濃くなります。そして、その先端の筆のような部分（1cm弱ほど）を残し、他の部分は枯れてしまいます。

　本格的に寒くなると、冬芽は水底に沈んでいき、越冬します。冬場にもアオミドロは発生するので、冬芽になった時点でペットボトルに入れて保管しておくと管理が楽になります。

　春先になり、暖かくなると冬芽がほころび、捕虫葉を展開していきます。

ムジナモ鉢のセッティング。(P.119 図解参照)

　先ず、ムジナモを育てるのには、環境を作る必要があります。

　ムジナモが育つ環境としては、弱酸性ph4.0〜ph7.0の水が好ましいと言われています。水を弱酸性に保つために、ムジナモを以下のようにセッティングします。

> **1. 鉢底にピートモスを敷きます。**
> **2. 更にビオソイルを入れます。**
> **3. 抽水植物（アシ、ガマ、マコモ、フトイなど）を植え込みます。**
> **4. 浮き草（ホテイアオイ、サンショウモなど）を浮かべます。**
> **5. セット後水が安定してから、ムジナモを入れます。**

※水が安定するまでに1〜3ヶ月くらいかかります。

　栽培中には、弱酸性に保つために、適時ブラックウォーターを入れ

ると良いでしょう。

　また、ムジナモ栽培には、アオミドロ対策としてミナミヌマエビを入れたり、タヌキモを同居させたり、ミジンコを与えたり、水槽栽培にして CO_2 を添加するなど、栽培家の間では、各人で色々な工夫がされています。是非色々試してみて下さい。

ムジナモを殖やすには
　初夏から秋の初めにかけて、ムジナモは脇芽を作り、枝分かれし、増殖していきます。環境とムジナモの状態が良いと、爆殖します。

⚠️ ムジナモはアオミドロに巻きつかれると、衰弱します。アオミドロをこまめに取り除きましょう。また、浮き草、抽水植物が枯れた時には、これもしっかり取り除きましょう。

■ **ムジナモエピソード1** ■

趣味家の間で密かに人気のムジナモ切手？
「宝蔵寺沼ムジナモ自生地」として、ムジナモが宝蔵寺沼に浮かんでいる絵柄が切手になり、1997年8月に発行されています。

■ **ムジナモエピソード2** ■

ムジナモを扱った児童向け文学作品があります。
1972年に牧書店から新少年少女教養文庫50『すきとおる草ムジナモ』（橋本由子 著）というタイトルで発刊され、現在では絶版になっています。
食虫植物を扱っている文学作品自体、とても珍しいもので、稀覯本の類に入ることでしょう（私はこの本を、食虫植物愛好会の会員である高校生の子から借りました。元々は小学校の蔵書だったものを、彼が卒業するときに、担任の先生がプレゼントしてくれたのだそうです）。

ムジナモのセッティング

用意するもの

- 水鉢
- 抽水植物（アシ・コガマ・フトイなど）
- 浮き草（ホテイアオイ・サンショウモなど）
- ビオソイル
- 無調整ピートモス

1 ピートモスを鉢底にしきます。

2 ビオソイル＋ピートモスを足します。

3 抽水植物を植えます。

4 水を入れます。

5 浮き草を浮かべます。

6 セット後、水が安定してから、ムジナモを入れます。

マニア交友録 3

私は食虫植物のことが好きですが、
それと同じくらい食虫植物マニアのことも好きです。
食虫植物を通じて、色々な年代の人、地域の人と
垣根を越えて仲良くなれたことは、
いつでも私の心を熱くしてくれます。
私が愛する食虫植物マニアとの交友録を
一挙ご紹介したいと思います。

自宅の屋上が自生地に！
～食虫植物の師匠～

　私には食虫植物栽培の師匠がいます。どんな道にもその道の達人がいるもので、その道を究めんとすれば、師匠から学び、技を会得するのが上達の道のように思います。

　そのときに、私が勝手に師匠と決めた人、それが狂さん（本名・坂本匡一さん）だったのです。

　高校生の頃から盆栽を始め、蘭、スミレ、山野草、シクラメン、多肉植物とバリエーション豊かに植物を栽培している人で、食虫植物栽培歴も長いです。しかし、高校生で盆栽とはただ者ではありません。渋いにもほどがあります。

　特に私が師事していたのは、狂さんの栽培環境と栽培に対する考え方です。

　「枯らす事が大事。沢山枯らして初めて植物の育て方がわかるよ」

　「植物は手間をかければいいってものじゃないんだよね。植物を育てるのがうまい人は、いい具合に放っておける人。で、たまに世話をするタイミングを知っている」

「植物を過保護にしちゃ駄目だよ。人間と一緒で、温室育ちは駄目になっちゃうでしょ。鍛えてやらないと」

これは、狂さん語録ですが、どれも目から鱗でした。

植物を育てるのに、枯らす事は問題外だと思っていたのですが、枯らして初めてわかる事が確かにあるのです。

また、狂さんは植物に対してスパルタです。なかには過保護に食虫植物を育てる人もいますが、狂さんは雑草を生やしたまま、無加温で、厳しく育てます。

よく日に当て、雨風に当て、「手間暇を掛けなくて済む環境作り」をします。

屋上の広い栽培場に自動水遣り装置をつけ、植物が自分の力で育つようにじっと見守るのです。屋上にさながら自生地を再現しているよ

屋上には雑草とともにサラセニアが!!

うです。

　私は、面倒くさがりなので、この栽培法に飛びつきました。

　しかし、スパルタ栽培法は、功をもたらすのです。

　狂さんの栽培品は雑草が生え、時々見栄えが悪くて、ガラクタのように見えるときがあります

　が、ほかの方が育てた食虫植物よりも丈夫です。ほかが枯れても狂さんから分譲してもらった苗だけ枯れない事がよくありました。まるで見栄えは悪いけれど美味しい有機野菜のようです。

　狂さんは、「夢は変わった植物を世の人に広く伝えること」とよく公言していますが、大変奇特な方だと思います。

壁にネットをつけ、蘭も育てています

屋上の柵の外で命も省みずムジナモを育てる狂さん

栽培品に言葉はいらない
～食虫植物の職人～

　食虫植物マニアの中には、食虫植物を園芸品として作り込む人がいます。
　おそらくそれが、園芸の本道なのでしょう。鉢の中に世界を創り、園芸品を芸術作品へと昇華できる人、それが中村さんだったのです。
　中村さんに初めてお会いしたのは、浜田山集会でした。
　中村さんは球根（塊茎）ドロセラを展示品として出しているのにも拘わらず、解説を一切しようとしませんでした。通常、食虫植物愛好会の展示品は、出品した人によって、栽培苦労などの解説が行われます。会長やほかの人が促すにも拘わらず、固辞していました。
　後日、「いつも、解説をしないんですか」と尋ねたところ、
　「他愛ないお喋りだったらいくらでもするんです。でも、栽培品には言葉はいらない。見て、楽しんでもらいたいです」
　と中村さんが仰っていたのを聞いて、なるほどシャイなうえに職人気質なんだなと思いました。
　職人気質な性格は、栽培品にも滲み出ていて、細部に至るまで、繊

細に作り込まれています。

　鉢には細かい鹿沼土が使われ、中央のドロセラの粘液が溢れ光が反射し透けるようで、葉は燃え盛るように赤く、命の限りかがやけと言わんばかりに形良く生い茂っていました。

　確かに、これを見れば、栽培解説など不要です。

　私は栽培品を見るたびに、魅了されるとともに切ない気持ちになりました。完璧な芸術作品は人を不安にさせるものだと思い、それは園芸品にも当てはまるのだということを知りました。

　とにかく、植物が好きで、食虫植物に限らず、野菜、果物、蘭、チランジア、多肉植物、盆栽など、何でも育てています。創意工夫を凝らすのが好きなようで、色々な栽培方法を試しているようです。

　無菌培養を試したり、研究所に食虫植物の種を送り、ガンマ線を当てて突然変異を起こさないか実験してみたりと、研究者顔負けのことを、個人で行っています。

　休日には、川沿いの土手や公園に植物の種を蒔きに出掛けるそうです。

「放置された空き地に大根が生えてきたら面白いですよね。前ね、本当に、大根が生えたんですよ」

　と、笑っていたのが印象的でした。

　中村さんのお宅には、庭に温室が建てられ、中には食虫植物、多肉植物、無菌培養瓶が整理整頓されて並んでいます。無菌培養瓶にはすべて番号がふってあるので、「これは何ですか」と聞いたところ、

「何かわからなくならないように、すべてノートに記録してあります」

　と言っていました。ちなみに中村さんはパソコン・携帯を一切持たないアナログな人でもあります。

　中村さんの栽培品を分譲してもらったことが何度もありますが、中

村さんの温室や庭から離れてしまうと、植物は輝きを失い、元気を失ってしまうのです。

　植物をいきいきとさせる才能を持った人の事を、「緑の指」といいます。中村さんはまさに「緑の指」を持った人だと、私は思います。

三角コーナーでもモウセンゴケが育てられるんです

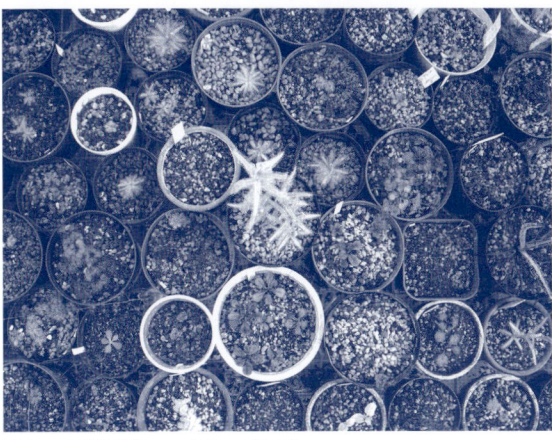

温室には幾種類ものモウセンゴケが

上級編 中村さん直伝の組織培養

「ポイントは殺菌と植え替えです」

用意するもの（培地を作るのに必要なもの。1ℓ分）
A ジェランガム 1ℓにつき1.4g
B グラニュー糖 1ℓにつき8g
C バイオブリッド植物培地 MS-G 培地（1ℓ用 1/4）
（グリシン・myo-イノシトールを添加することもあります）
※ハイポネックスでもできます。
D 種子、球根
E 培養瓶（蓋上部に穴を開ける）
F ミリポアフィルター
G ピンセット（ルーチェ型）
H 業務用圧力鍋
I 無菌箱
J アルコールランプ
K 次亜塩素酸ナトリウムが入った漂白剤（10倍に薄める）
L ビーカー
M 試験管

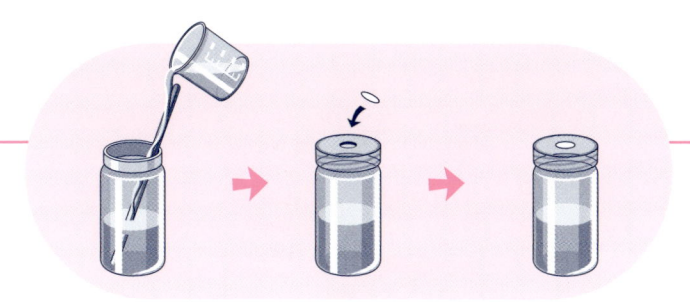

❶ ビーカーに水道水（1ℓ）を入れ、MS 培地（1ℓ用 1/4）を溶かし、ジェランガム 1.4g、グラニュー糖 8g を入れ、ガスコンロなどで熱して溶かします。
❷ 培養瓶の底から、❶を 2、3cm ほど入れ、蓋をし
❸ 蓋上部に開けた穴にミリポアフィルターを貼ります（雑菌の侵入を防ぐため）。
❹ 蓋をした瓶を業務用圧力鍋で 15 分〜 20 分煮沸消毒します。

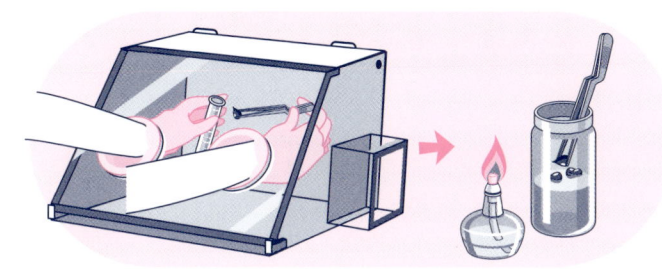

❺ 無菌箱で、種子・球根を次亜塩素酸ナトリウム（ピューラックスなど）が入った漂白剤（10 倍に薄める）で消毒します。種子の軟らかいカペンシスなどのドロセラは 5 分〜 10 分ほど漬けます。ただし、種子の硬いハエトリソウや球根ドロセラは最長で 1 日漬けることもあります。（種子の様子を見ながら調節します。色が白くなってしまったら漂白剤を薄めた方が良いでしょう）
❻ 無菌箱で、消毒済みの種子を、消毒済みの水ですすぎ、漂白剤を洗い流します。すすぐ際には試験管を使うと良いでしょう。
❼ 無菌箱の中で、アルコールランプの炎の上で、消毒しながら、ピンセットで種子を培地の上に播き、蓋をします。蓋やピンセットをアルコールランプの炎で消毒しながら作業しましょう。
❽ 明るい場所（蛍光灯の下など）で管理し、発芽を待ちます。早くて 3 週間ほどで発芽します。
※ 3 ヶ月〜 4 ヶ月に 1 回植え替えすることで成長を促します。

無菌培養瓶がずらり

ここまでのものが育てられるとはオドロキ！

西へ東へ
～食虫植物の旅人～

　食虫植物マニアは食虫植物を育てているうちに、どういう場所にどのようにして自生しているのか気になるものです。
　なかには海外に行かないと見られないものもありますが、国内で見られるものも多くあります。大抵の人は、「日本に食虫植物が自生している」ということに驚くようです。これは食虫植物＝熱帯ジャングルの植物というイメージからきているものと思われますが、日本にも食虫植物は確かに自生しているのです。
　しかし、乱獲される恐れがあるので、情報を知っていても開示しない人が多く、食虫植物の自生地は謎に包まれています。
　そんな自生地を、わずかな情報をたよりに、解き明かしている人、それが浅井さんでした。浅井さんはタヌキモ、ミミカキグサ、ムジナモをメインに育てられています。
　若き日の浅井さんは池や湖で釣りをし、その時に生えていた水草を何となく持って帰ったそうです。持ち帰った水草を水槽で育てて、調べるうちに、タヌキモだということがわかり、食虫植物に興味を持っ

たのがきっかけだそうです。

　自生地を確かめたいと、情熱に駆られた浅井さんは、住まいの埼玉県を手始めに、関東エリア全域にかけて自生地探索をしました。探索には6年の歳月をかけたそうです。恐るべき情熱です。

　食虫植物愛好会の人の情報や、インターネットの情報をたよりに、新潟の早出峡、福島の五色沼、銚子、宇都宮、日光、尾瀬、赤城山などを探索したそうです。

　「○○にあるようだ」との情報を聞いて駆けつけても、実際にそこに自生している確率は30〜40%程の低い確率だそうです。

　なぜなら、開発のために無くなってしまうことと、行ってみても結局わからないことがあるからです。遠くまで行ってみて、食虫植物が生えていなかったときの無念はいかばかりか。しかし、6年も探索していることが功を奏したのでしょうか、成果は上がっているようです。

　ここに、浅井さんが関東エリアで、自生しているのを発見した食虫植物を列挙したいと思います。

・ミミカキグサ　・ムラサキミミカキグサ　・ホザキノミミカキグサ
・シロバナムラサキミミカキグサ　・ムシトリスミレ
・モウセンゴケ　・ナガバノモウセンゴケ　・サジバモウセンゴケ
・イヌタヌキモ　・ノタヌキモ　・ヒメタヌキモ
・チビヒメタヌキモ　・ヤチコタヌキモ
・イシモチソウ　・ナガバノイシモチソウ

　浅井さんは、寡黙な青年です。だから、このことも根ほり葉ほり聞かなければ、多くの人に知られることもなかったでしょう。こういう貴重な情報が知られないままに消えていくことが、世の中にはきっと多くあるのだろうと、慄然とします。

死をいとわない
～食虫植物のサムライ～

　日本食虫植物愛好会の人数が 674 人中、女性会員はごくわずかです。集会や即売会に顔を出す女性は私を含めて 3 人しかいません。

　そんな、数少ない女性会員で、自生する食虫植物の写真を撮る女性がいます。それが政田さんでした。ほっそりとしたチャーミングな女性です。細い体のどこにそんなエネルギーがあるのだろうと思いますが、単身でマレーシアに渡り、トイレやお風呂がないような場所に寝泊まりし、川で体を洗い、ジャングルに分け入り、食虫植物や虫の写真を撮り続けているのです。

　政田さんとは、ミクシィの「食虫植物依存症友の会」というコミュニティで出会いました。

　ムカデや毛虫などの多足類の写真や、キノコの写真、食虫植物の写真をブログにアップしていたので、初めは男性とばかり思っていました。ゆえに、女性だと知ったときは驚きました。こういうことをいうと差別だと怒られるのかもしれませんが、多足類や昆虫を美しく写真に撮ることができる女性はいないと思っていたのです。

政田さんは食虫植物のほかに虫マニアでもあり、食虫植物の自生地に行くときに、現地の虫を撮ることができると喜んでいました。
　昆虫博士になってボルネオ島に永住するのが夢だそうです。
　また、政田さんは、日本食虫植物愛好会立ち上げ時の創設メンバーであり、食虫植物栽培歴は長いです。最初は栽培から入り、次第に自生地の食虫植物の方に関心が向いていったそうです。
　自生地探索ツアーである、ネペンテスツアーには毎年参加しています。政田さんが撮った、自生地の貴重な食虫植物の写真を浜田山集会でスライド上映するのですが、まるで自生地に行って肉眼で見たかのような臨場感を感じ、自生地に行く疑似体験ができたのです。
　イベントで一緒の時に、自生地の食虫植物の魅力について、こう語っていました。
「ボルネオに行けばいいのに。あそこは楽園だよ。自生地の食虫植物は本当に美しいよ」
　食虫植物の自生地に行きたい気持ちはあるのですが、私は飛行機が大の苦手で、つい二の足を踏み実現していません。閉所恐怖症で、高所恐怖症という、少々不自由な人間です。
「飛行機が怖くて、行く気になれなくて」と言うと、
「たくさんの食虫植物を見て、幸せな気持ちになれるから、帰りの飛行機で墜落して、このまま死んでもイイ。いつもそう思ってるよ」
　なんて潔い答えなのでしょうか。男気に溢れています。
　私は、「この人、サムライだ」と思いました。
　そう思うと同時に、もし帰りの飛行機ではなく、行きの飛行機が墜ちたら、死んでも死にきれないんだろうなと思いました。
　それほどに政田さんの食虫植物に対する情は深いのだと思います。

家が食虫植物に侵されている！
~食虫植物愛好会会長~

　食虫植物マニアのことをお話しするとなれば、食虫植物愛好会の会長の事を外す事はできません。

　愛好会の会長ですから、もちろん食虫植物マニアの中のマニア、キング・オブ・マニアであることには間違いがありません。食虫植物愛好会の主宰者でありながら、プロマジシャン、大原簿記の先生という、いくつもの顔を持つ方です。

　初めて会長宅にお邪魔したのは、食虫植物愛好会主催のバーベキューの時でした。

　会長宅のガレージでバーベキューをし、会長が肉を焼き、会長手製の男の料理が振る舞われ、会長の新作マジックを見ながら飲むことができる、参加者には嬉しいイベントです。同時に会長フル回転、会長ホストのオンステージ、会長大忙しのイベントです。

　このマメさが、食虫植物愛好会を引っ張ってきたということがうかがえます。

　バーベキューの時に、会長宅を初めて見ることになったのですが、

そのときの印象は、「家が食虫植物に浸食されている」でした。わが家も、食虫植物を栽培するようになって、近所の子どもに「バイオハザード」とあだ名が付けられましたが、そんな甘い物ではありません。

まるで、家が食虫植物に喰われているようです。

家の周りと中が食虫植物に埋め尽くされていて、食虫植物栽培所の中に居住スペースがあると言ったほうが適切でしょうか。1000株以上の食虫植物が所狭しと栽培されているのです。

会長は芸能人が住むようなプール付きの豪邸に住んでいるわけではありません。普通の一軒家に、それだけの数の食虫植物が収められているのです。

まず、家の前は道路にサラセニアやムジナモ・タヌキモの鉢。玄関の横はムシトリスミレ。道路に置いてあるサラセニアが繁殖しすぎたせいか、サラセニアに隠れて、電柱が見えなくなっています。

家に隣接して温室が建てられ、ウツボカズラがぶら下がり、モウセンゴケが並べられています。玄関入ってすぐにあるのがセファロタスの水槽です。二階のベランダは所狭しとムシトリスミレ、サラセニア、モウセンゴケが並んでいました。

ベランダは元々洗濯物を干すために作られたような痕跡がありますが、食虫植物に乗っ取られていました。ベランダのワーディアンケースには手作りの遮光がされていました。さらには、近所のご実家にも食虫植物の温室があるようです。

会長宅の温室

会長は自宅を栽培場に改造するだけでは飽きたらず、年に1回「ネペンテスツアー」と称し、希望者を募って、シンガポール・タイ・マレーシアへと食虫植物自生地探索の旅に出掛けます。

　そこで、自生地の食虫植物を思うままに堪能するのです。

　私は会長の趣味にかける情熱も素晴らしいと思いますが、会長の奥様が出来た方なのだなと思います。

　趣味にかける情熱は裏を返せば、道楽オヤジ。妻子を持つ男が少年のように趣味に邁進できるのは、配偶者の理解無くしては不可能です。キング・オブ・マニアの陰には内助の功ありと、私は思います。

洗濯物はどこへ!?

温室

日本食虫植物愛好会（JCPS）の会長に聞け

　食虫植物マニア歴36年、会員数674名の日本食虫植物愛好会の会長であり、食虫植物の地位向上のために生涯を懸ける男、田辺直樹さんに突撃インタビューしました。

――日本食虫植物愛好会を作ったきっかけは何ですか。
　まず食虫植物研究会がないと語れないよね。日本食虫植物愛好会（JCPS）の産みの親は食虫植物研究会なんだ。日本にある大きな食虫植物愛好団体として、食虫植物研究会と日本食虫植物愛好会があるわけだけど、食虫植物研究会は論文発表など学術的な会であって、日本食虫植物愛好会は趣味の会。そういう棲み分けができるようになった。

――田辺さんは食虫植物研究会の会員だったんですよね。
　そう、食虫植物研究会の会員だった。でも食虫植物研究会の内容に不満を持っていたんだ。
　食虫植物研究会は集会が少ない。新年会を除くと年に3回しかなかったんだ。インターネットが普及していない時代で食虫植物の栽培本も存在しない。だから顔を合わせて食虫植物の情報を交換したいのに、その機会が少なかった。
　あとは食虫植物研究会は、機関誌として情報誌を出していたんだけど、食虫植物の研究論文が多く載っているだけで栽培知識や栽培方法に関しての記事が少ない。特に栽培初心者にとっては、難しくて敷居が高かった。また、その頃は食虫植物バブル期（※平成6年頃、日本のバブルは崩壊しても、食虫植物はバブルの真

っ最中で、今の値段の10倍以上の価格がつけられていました）で一部の会員が輸入した苗を高値で売り買いする状況だった。これだと一部のお金持ちしか、珍しい種類は買えないし、普及しないよね。

　これらの問題を解消しようと、色々提案したものの、研究会は取り合わなかった。だから、まず、情報誌を自分で作った。平成7年7月だね。今に至るまで年に4回発行してる。それから、浜田山集会を立ち上げて、毎月集会を行った。浜田山集会は100回を越えたけど、人が集まらなかった月はないね。毎月30名以上は必ず集まるんだから、余程、皆暇なんだろうな（笑）

――余程好きなんでしょう（笑）

　そうだろうね。それまでは食虫植物研究会の活動の一部のような感じだったんだけど、翌年の平成8年4月には正式な趣味家団体としてJapanese Carnivorous Plant Society（JCPS）を設立したんだ。というわけで、食虫植物研究会に対する反骨精神が日本食虫植物愛好会を作るきっかけになった。シードバンク（※種子銀行。生きている種子を保管、普及する場所。日本食虫植物愛好会では会員から食虫植物の種子をシードバンクに集め、分譲希望者に分譲する流れになっています）を作り、集会を開き、情報誌を作り、情報誌に分譲リストを載せ、種苗の分譲を通販で行った。初めは情報誌も送料のみ貰って、無料で配っていたんだよ。

　食虫植物バブルを何とかしたくて、情報誌で200円から500円で種苗の分譲を行った。食虫植物を誰でも買えて、育てられるように価格破壊に挑戦したんだ。すると初回に300件の注文が来たよ。食虫植物の価格破壊を起こす事が自分にとって大事だった。一部の人が独占して高値で売るなんておかしいよ。そのことで、

食虫植物で儲けようって人には恨みも買ったけどね。
　でも俺がやらなければ誰かがやっていたと思うよ。起こるべくして起こったんだ。つまりね、食虫植物研究会がタブーにしていた事を全部やったのが日本食虫植物愛好会なんだ。
——食虫植物研究会にはシードバンクが無かったんですか？
　提案したけど、役員に面倒くさいと却下されたよ。食虫植物の団体がある国、オーストラリア、イギリス、フランス、ドイツ、ニュージーランド、イタリアでも、シードバンクをやらない国はないのに、日本だけないのはおかしいよね。
——シードバンクを作ったら需要はありましたか？
　1回の情報誌を発行するごとに、分譲リストを更新するんだけど、更新すると200件から300件の注文メールが来るよ。そのうちのほとんどが種の注文だよ。1人の人が何種類も買うから、1つ1つ薬包紙に種を入れていくのが大変。
　でも、需要がある限り続けたいな。
——種、大人気ですね。
　1袋100円だしね。
——安いですよね。それだけの数の種が毎年捌かれているのに、食虫植物が爆発的に増えている感じはないですね。
　ねぇ（笑）、枯らしちゃってるんじゃないの。
——食虫植物の魅力は何ですか。
　変わってて、面白いことに尽きると思う。食虫植物を好きじゃない人の気が知れないよ（笑）
　「不思議」だよね。何でこんな形をしているのか「謎」だよ。植物が虫を食べるなんて変わっていて面白い！と思ったのがきっかけだけど、食虫植物をとことん好きになっちゃうと、虫を食べ

なくても好きだな。もしかしたら、食虫植物が実は虫を消化吸収しているのではないということが研究でわかったとしても、食虫植物のことを変わらず好きだと思う。虫を食べる事が大事なんじゃなくて、形がエロティックでグロテスクで、魅力的。ウツボカズラなんて、あんな壺みたいなのが葉なんだよ。面白いよ。
普通の綺麗な花には興味がないんだ。
──食虫植物との出会いは何ですか。
　小学２年生の頃に、親父がお土産に、ヨツマタモウセンゴケやムシトリスミレを近所の花屋で買ってきてくれたこと。ウツボカズラも買ってきてくれたな。それが出会いだと思う。半年も経たずに枯らしちゃったけど。
──好きな食虫植物ベスト３を教えて下さい。
　N. ビカルカラータ（*N. bicalcarata*）、N. アンプラリア（*N. ampullaria*）、D. レギア（*D. regia*）次点が D. システィフロラ（*D. cistiflora*）、セファロタス（*C. follicularis*）。
　本当は好きな食虫植物はと聞かれたら、当たり前だけど全部好き。
──食虫植物栽培の初心者に一言お願いします。
　頑張れ。で、終わりじゃ駄目か（笑）
　珍品に手を出さずに栽培が易しいものをちゃんと作り込んで育てられることが大事だと思う。例えば、P. エセリアナ（*P. esseriana*）は普及種だし、何も珍しくない。でもあれを綺麗に見栄え良く、鑑賞に堪えうるように育てる、そういうことが大切。
　つまり、食虫植物マニアの陥りやすい罠なんだけど、コレクターじゃ駄目。食虫植物マニアとはいえ、植物なんだから、集めるんじゃなくて育てるんだよ。お金さえ出せばいくらでも珍しい種類

を買い揃える事はできるけど、まずは育てる事から。

　でもそんな事言ってると、「じゃあ、珍品を売るな」って怒られちゃうけどね。それはそれ、これはこれで。

――食虫植物の分譲、集会、即売会の責任者としての苦労はありますか。

　苦労は無い。苦労だと思った事は一度もないよ。好きなことをやってるから、楽しすぎて苦労だと思ったことはない。

　1日即売会の会場にいても飽きないモンね。好きな食虫植物を眺めて売って、こんな楽しいことはないよ。

――これからの食虫植物界とJCPSの展望は？

　食虫植物の魅力を広めたい。サボテンや多肉植物のように一家に一鉢、メジャーな存在にしたい。

――それにはどうしたらいいと思いますか？

　やはり正確な栽培知識を広めることが必要だよね。食虫植物＝熱帯ジャングルのものというイメージを変えないと。食虫植物の多くは北半球に生えてるんだから。

　正確な栽培知識さえあれば、そんなに難しくはない。

　セントポーリアが育てられればメキシカンピンギが育てられる。菖蒲が育てられればサラセニアは育てられる。もっともっと食虫植物を普及していきたい。

――JCPSとしての展望は？

　東京ドームで食虫植物展をやりたいな（笑）東京ドームの世界の蘭展みたいに。東京ドームか武道館で。食虫植物を一番美しく栽培した人には、最優秀賞としてベンツを贈ったりして。

――そんな時代が来るといいですね。

　そうなるようにお互い頑張ろうね。

あとがき

　食虫植物の本を書くにあたって、はじめは「私でいいのかな」と思いました。なぜなら、私は食虫植物に対する熱意はあふれていますが、栽培歴何十年のベテラン栽培家ではないからです。

　しかし、私にしか書けないことも必ずあるはずだと思い筆を執りました。私はちょうど食虫植物栽培初心者と食虫植物マニアの間に立っているので、両者の架け橋になるように書けるのではないだろうかと思ったのです。

　かつて私がそうだったように、植物のことを全く知らない方、食虫植物に興味があるけどよくわからないという方に、食虫植物の魅力や植物栽培にまつわるワクワクを感じていただけたら、思い残すことはありません。

　最後にこの場をお借りして、担当編集者の北畠夏影さん、農業アドバイザーの永田洋子さん、イラストを担当してくれた親友の有ちゃん、私の食虫植物ライフを陰で支えてくれた夫、愛息虎太郎、妹美江、実家の両親、いつも最大限に協力してくれた JCPS の田辺さん、狂さん、中村さん、政田さん、香川くん、浅井さん、Kent さん、池田さん、大原さん、石原さん、辰巳さん、林さん、救仁郷さん、慈眼寺農場さん、ぼよんばさん、早坂さん、応援してくれたこち亀さん、山室さん、ベンさん、岡本さん、居酒屋千両の皆、本の出版を心待ちにして、発売を前にして亡くなった祖母に心から感謝の念を捧げます。私 1 人の力は微弱です。皆様のおかげで、ここまでやってこられました。本当にありがとうございました。

2008 年 4 月吉日

「増刷のあとがき　〜相変わらず枯らしています〜」

　2008年に本書『大好き、食虫植物』を上梓し、喜ばしいことに増刷の運びとなりました。初の著書にして、その時の想いを強くぬりこめているため、手にとっていただける機会が増え、本当に嬉しいです。また、奇しくも、新刊『私、食虫植物の奴隷です。』の上梓と重なったことも、幸せなことだと思っています。

　食虫植物にはじめて出会ったのが、2005年のこと。9年の歳月が、あっという間に経ちました。今に至るまで、食虫植物まみれ、食虫植物漬けの生活を送っています。「木谷美咲（きや・みさき）」というペンネームにして、食虫植物の本（今度の新刊もそうです！）、食虫植物の小説を書き、食虫植物を食べることもありました。

　「栽培は？」というと、相変わらず枯らしています。

　P.22の展示に持っていったドロセラ・レギアは、もう他界して、この世にありません。殖やせるようになったので、数が減る一方ではありませんが、やはり栽培は難しく、いまだに初心者のままです。

　昨年、兵庫県立フラワーセンターの技師さんとお話する機会があったのですが、「もう何十年も食虫をやっとるけど、結局あいつらのことはコントロールできないし、わからんのよ。でも、わからないからこそ、ロマンがあるし、こんなに夢中になったんよ」とお話されていました。私とは比べ物にならない熟練の栽培技師さんの言葉を引き合いに出すのは、失礼ってものですが、それでも、食虫植物を育てることの難しさ、その魅力について考えさせられます。

　私に愛されて、食虫植物もいい迷惑かもしれません。愛と支配と暴力はいつだって紙一重です。ごめんよ、許して、食虫植物たち。どこまでも身勝手な私だけど、いつまでも大好き、食虫植物！

2014年　木谷美咲

星野映里（ほしの・えり）
1978年、東京都生まれ。日本食虫植物愛好会会員。
2005年日本食虫植物愛好会に出逢い、食虫植物の様々なイベントに参加する。
横浜ガーデンセンター・サカタのタネ、池袋サンシャイン世界の蘭展 with 食虫植物、
川崎市幸区民祭り、piga画廊食虫植物展にて栽培解説員を務める。
2007年「タモリ倶楽部」に食虫植物愛好家として出演する。
【ブログ】革命的植物宣言

イラスト：ありた かずみ
スペシャルアドバイザー：香川隆晃・救仁郷豊・坂本匡一・田辺直樹・中村英二・林昌宏・辰巳卓也
写真提供：大原悟・長田健太郎・池田峰雄・石原慎一郎・早坂弘康・林昌宏・政田具子・四本進

（写真提供一覧）
口絵 p.1　　　長田
口絵 p.2-3　　政田（N. アラタ、N. アンプラリア）、林（N. ラフレシアーナ）、四本（P. エセリアナ、P. ルテア）、
　　　　　　　大原（ミミカキグサ）、池田（ムジナモ）、その他はすべて長田
口絵 p.4-5　　石田（P. ×ティナ）、四本（ムジナモ）、その他はすべて長田
口絵 p.6-7　　池田（D. ジグザギア）、その他はすべて長田
口絵 p.8　　　林（P. マクロセラス）、その他はすべて政田
1章　　　　　四本（ムジナモ）、早坂（幸区区民祭）、田辺（じゃんけん大会）
2章　　　　　政田（N. トルンカータ）、池田（N. アンプラリア、D. ジグザギア）、
　　　　　　　石原（P. ×ヴェーザー、P . ギブシコラ）、四本（P. プリムリフロラ不定芽）
　　　　　　　大原（U. サンダーソニー）池田（夏のムジナモ、冬芽）、その他はすべて長田
3章　　　　　すべて登場本人より提供

....

大好き、食虫植物。育て方・楽しみ方

発行日	2008年5月3日　初版第一刷
	2014年8月18日　　第二刷
著　者	星野映里
発行人	仙道弘生
発行所	株式会社　水曜社
	〒160-0022　東京都新宿区新宿1-14-12
	TEL03-3351-8768　FAX03-5362-7279
	URL www.bookdom.net/suiyosha/
印　刷	大日本印刷
制　作	青丹社

本書の無断複製（コピー）は、著作権法上の例外を除き、著作権侵害となります。
定価はカバーに表示してあります。乱丁・落丁本はお取り替えいたします。
©HOSHINO Eri 2008, Printed in Japan
ISBN978-4-88065-207-8 C0077